To my Abraham

Your Sarah

我的衣橱经典

高端形象顾问的穿衣智慧

黑玛亚 著

中国青年出版社

目录

衣橱热身：白衬衣 _ 11

选对你的白色，选对你的质地，选对你的款式，选对你的穿法，你才能说拥有了一件经典白衬衣。否则，没有人会记得你穿过白衬衣，哪怕你穿的跟梦露、巩俐的白衬衣相差无几。

衣橱首推：衬衫裙 _ 25

衬衫裙，以它美丽的混血儿气质成为从 6 岁到 60 岁都能穿的款式。最重要的一点是：当你拥有了自己的衬衫裙，你只要配好一双鞋就可以出门了。

衣橱必备：船形鞋 _ 45

一个盛装的女人，如果没有了鞋是羞耻的，而一个裸身的女人如果还保留着脚上的高跟鞋，就还是深不可测的。

时尚入场券：Jacket _ 55

短身的 jacket 适合搭配连身裙，而一件正确的 jacket 几乎什么都可以搭配。

对于一般的身材而言，腰带都能起到令人振奋的效果。有时，所谓的"存在感"就是需要这一笔令人振奋的点睛之作，自认为身材平平的人会因此而发现自己完全可以拥有惊艳造型。

胸针是有生命力的佩饰。它不是在表达和堆砌钻石与珍珠，它以自己生命的形象给予另一个生命某种特定的解释——关于某天、某处、某件事……意味深长的胸针，意味深长的用法。

项链离脸很近，当项链和脸上生动的表情同时出现在他人的视线里时，你的话语、你的笑、你的表情都会跟项链形成一体或者成为对比，这就是你的项链所展示的一切。

拎包和腕表一样，需要有冷暖两大色系的预备。黑色的正装拎包和冷色调的腕表可以相伴出场，而咖啡色拎包和金色腕表自然就是好搭档了。

用手帕的绅士淑女，能够与他们的身份更为搭调。毕竟，手帕是复古的、传统的。

喷洒了香水之后，整个形象才算可以画上句号了……

序
玛亚衣橱里的生命

正如每个人都是独特的，每一位优质的时装设计家也都有他们的独特之处。但是最精粹的设计家，其独特的优质艺术表现却是出自本身的内涵与品格。这种内在时尚品位不只是设计家个人的天赋、努力以及创意，也源自他们的生命与内在。全球著名的舞蹈家玛莎·葛兰姆（Martha Graham，1894—1991）曾对我说，一个真正的舞者，舞蹈乃是呈现舞者本身，而不只是舞者的舞（dance is who you are not just something you do）；关乎你怎么生活、怎么经历人生、怎么作决定。对于任何艺术形态，这话都是适用的。因此，玛亚的衣橱也将让我们一窥这位极具创意、非常特别的人物的生命，并向我们展现出她对于人的美、优雅、健康、和谐与体贴的基本创意原则。

玛亚这种充满对自身与别人的体贴考量，使她珍视他人并极愿意付出她的一切，为对方打造出一种既优雅又适用于生活中各种角色的形象。正如玛亚本身，她的衣橱能适用于各种场合，她的衣服既可以应付工作的需求，也适用于家居与社区活动。她的衣橱以及其时尚品位完全能合乎并满足每天实际生活的需要。

这种"体贴"的想法出自玛亚的天性，对于她来说就有如呼吸一般自然。设计的背后表现出她的清晰、有条理、有计划，比如她喜欢使用大地的色调以及中性色系在她的衣服上，使它们很容易搭配。同时，这样的"考量"让她使用优质的素材与面料展现出女性的美与细致，使她创造出自己的设计风格，既实用又自信，使每天在衣服上的选择变得容易又美好。

任何艺术设计都包含了一个又一个选择。若成功，每一个选择不仅能与其他的选择形成和谐，也与整体和谐。玛亚的衣橱会向你透露这种和谐的选择。比如，她在素材、颜色以及个人形态等基本特质上，选择简单的线条来表现典雅的美。这种"简单线条"的选择与她"优雅"的选择相和谐。因为优雅的特质是灵活流动的，会使穿着者轻巧自然。同时优雅也要求一种谦卑的自信，走进房间时，衣服不会喧哗强势。优雅是一种对人的慷慨，来自一个人的正直、完整与自信。"优雅"与"简单"相结合，加上"体贴"以及优质与原创，使玛亚的衣服默默地将那些标新立异、以浮华亮丽竞宠的设计一一比下去了。就这样，玛亚许多和谐的选择使她创造出实用、优雅又经典的设计风格，充满着她的衣橱，浸润着她的作品。

在我第一次来深圳时，她带我与她的员工午餐时我便注意到玛亚这样的素质。虽然当时我们才刚认识，她却已经在这个场合显露出温柔、女性、自信、周全的特质。由于她优雅简单的选择，使我们能有一处安静不被打扰的天地；她体贴雅致的协助，替我选择一份不善用筷子也可以享用的午餐；在安排座位上她也考虑了谁能讲英文，谁只能讲中文——玛亚轻易地便为大家安排了一顿既愉快又和谐的午餐。

当然，除了她的选择，她美丽温暖的笑容与内心，以及一切我前面提到的特质都一一成为她的艺术。她的心灵特质以及天赋的直觉在她如何使用饰品上都一一表现出来——丝巾、胸针、帽子、鞋子、腰带以及宝石等。在最近的一次群芳鼎盛课程（Women Zenith Program，一个专为顶尖女性企业领导设立的国际全方位终生课程）在韩国济州岛的研讨课当中，我亲眼见到她可以使用这一切，将个人的感情配合场合融入整体外观。我还记得当时的一个情景，她戴着一顶帽檐甚宽的帽子，配上一条丝巾。显然，这是为了遮阳，在我们散步去餐厅的 20 分钟路程中不致晒伤皮肤。但是，她所选的颜色，大宽边帽，她系丝巾的方式，正在表达出与这 20 位好朋友在一起享受海边时光是多么快乐的一件事！仅仅看着她走出酒店与大家会合，就给人带来一种愉悦时尚感。

在她的笔下，你可以了解到许多机智、体贴与优美的选择。然而还有一个非常重要却常常被忽略的创意要素，那就是她卓越的聪明才智，表现在她所做的每件事当中。科学研究显示智能共有八种类型，玛亚全都用上了。本书以及玛亚的每一本书里，她总是慷慨用心地与她的读者分享这一切。一个时尚设计家的衣服会明显地表露出他的设计是如何以视觉智能（visual intelligence, 如何以视觉来呈现）、空间智能（spatial intelligence, 东西如何放在一起）、肢体运动智能 (bodily-kinesthetic intelligence, 身体如何动)、自然智能（naturalistic intelligence, 如何使用面料与素材的天然功能）以及自我认知智能（interpersonal intelligence, 知道自己的强弱项及自己的需要和才能）来完成其设计的。甚至，音乐智能也明显地应用在她所设计的衣服配合人体的天然韵律当中。此外，语言智能（linguistic intelligence, 如何使用语言与人沟通）以及人际智能（interpersonal intelligence，理解他人和与人相处的能力）不一定表现在玛亚的设计上，却很容易在玛亚的书里看出来。这两项智能不仅涉及说话写字，更是涉及如何聆听别人，如何学习，在与他人互动中发展自己的艺术创作的能力。

　　玛亚除了应用她的才智和选择创造出独特的时尚风格以外，她也将这一切应用在她的事业上——黑玛亚形象策划公司。在这里她完全发挥她的才干，将每天对自己、对所服务的每个人以及她所处的社区的观察，加以创意整合，成为她衣橱的样貌。我深感荣幸得以一窥她的工作室。你今天所看到的正是玛亚衣橱的生命。

魏贝蒂

翻译：杨高俐理

魏贝蒂 (Betsy Wetzig)，动作研究者，舞蹈创作者，教育家，以及"协调模式训练"(Coordination PatternTMTraining)，"心智身体动力"（Psyche-Soma Dynamics) 以及"全潜力学习"(Full Potential Learning) 的原创者，"舞动至臻: 整全平衡领导力四基本能量"(Move to Greatness: Focusing the Four Essential Energies of a Whole and Balanced Leader) 一书共同作者。她曾创立并担任"纽约魏氏舞蹈"以及"纽约声型"的总监。

自 序

　　这本书是跟着一壶姜红茶和巧克力味的蜡烛开始的，现在我窝在沙发里，我期望越写越欢乐，而你，能越读越轻松。

　　这本书是为 30 岁以上的女士们而写，在 30 岁之前，你也许应该尝试各种风格，尽管我并不愿意鼓励你如此，但是以我做形象设计的经验来看，如果你尝试得不够多，你就会在该稳定下来的时候特别"叛逆"。

　　所以，如果你还不到 30 岁，你完全可以不看此书，不过，如果你一定会拥有 30 岁、并愿意为它作好预备的话，你就还是看一看吧。我在自己的设计中，遇到很多女孩，当她们走到我的面前来时，几乎都说了同一句话："我已经 30 岁了，我想要知道自己的风格是什么。"或者："我已经 30 岁了，我希望自己能够优雅一点。"还有："我已经 30 岁了，我希望能够稳定下来。"这些在 30 岁时开始管住自己形象的女孩，我要特别祝福她们，她们一定会在自己的一生中因此而获益匪浅！

　　这本书不是为百变女郎写的，那些希望驾驭各种造型，什么都能穿的女人可能会失望。因为这本书是与那些总是希望恰到好处的、很得体的、很体面的、被丈夫赞赏的、在自己的环境中备受欢迎的、能轻松地对待工作、生活、社交的女人来分享的；也是为那些实现自我的、优秀的、怀念淑女优雅年代的现代女性预备的。她们追求一种丰富的简单，这也是我自己一直以来的追求。丰富而又单纯的品德，丰富而又简单的衣橱，这是我所欣赏的。

　　女人是否都希望拥有一个应有尽有、令人艳羡的衣橱呢？我们在电影、电视或者杂志里会看到那些放满了晚礼服、名牌鞋的衣橱，很多女人认为那样才叫拥有了衣橱，但是更多的女人只想每天起床之后不要为自己今天穿什么、怎么搭配而烦恼，更多女人只希望有一个让自己安心、满足、从容、自得其乐的衣橱，一个神秘而又不难拥有的衣橱，一个经典的、让自己在潮流中自如地穿行、屹立不倒的衣橱。我想，我就拥有这样一个衣橱。

　　我生活在中国一个节奏很快、富有的女人很多的城市，我的衣橱既没有上过电视节目，也没有上过杂志，我在 party 里也从来不是最惹眼的那一个；但是我却有一颗不惧怕、不焦虑、不慌不忙的心，因为我有一个没什么值得炫耀却也永远让我从容美好的衣橱；一个使我觉得又单纯又宝贝、并不庞大却足以被姑娘们称为"低碳仓库"的衣橱；一个绝不奢华、却总也不过时的衣橱；一个每次看到我就会不住地感恩、满心喜悦的衣橱；一个不会给我罪恶感、总是为自己的收藏欣慰的衣橱……

　　这就是我的衣橱，不值得献宝，不会令你哇哇惊叹。要不是本书编辑的鼓励，我绝不会想到我可以为自己的衣橱写本书。

　　在我的工作中，我见过太多女人的衣橱，我也听到如今每个角落都被"时尚""经典"充斥……所以我坚持写我的衣橱经典，而不是经典衣橱。我盼望我的分享可以带给你穿着的欢欣和对生命的珍爱与感恩。

　　我将这本书献给我的丈夫，他的欣赏和爱是我最美的遮盖。

黑玛亚

2012 年 12 月 15 日

衣橱热身：白衬衣

White Shirt

选对你的白色，选对你的质地，选对你的款式，选对你的穿法，你才能说拥有了一件经典白衬衣。否则，没有人会记得你穿过白衬衣，哪怕你穿的跟梦露、巩俐的白衬衣相差无几。

衣橱热身：白衬衣
White Shirt

在所有的收藏里，我想我要用白衬衣来做本书的热身动作……

在我们中国 20 世纪六七十年代出生的孩子，谁没有一件白衬衣？但是你见过时尚史上对此有记载吗？那反而是我们中国人时尚生活最为贫乏的岁月，当我们如今看到时尚界里的白衬衣时，相信极少有人想到自己曾经天天穿过的白衬衣。

普通的男版白衬衣，只有相当性感的女人穿了才迷人，比如梦露、莎朗·斯通、巩俐。

为什么？因为白衬衣最不性感。

梦露复杂的情史、丰满诱人的身体是举世闻名的，所以，当她将自己交给一件简单的白衬衣时，她的肉感、不洁感被减弱了，好像得到某种救赎一样让人动心，仿佛看到的人都会在内心叹一口气——原来，她

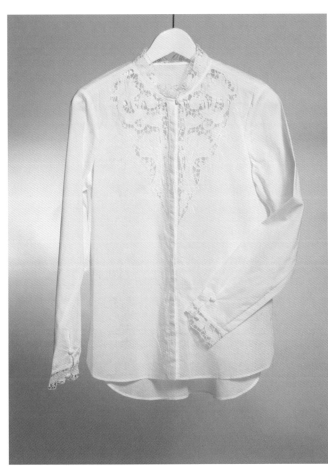

小立领的直身款式，暗门扣，两侧有小小
开衩，这些细节都让衬衣显得比较女性化。

简单的白衬衣让性感女神显得单纯。

在白衬衣毫无曲线的裁剪里，巩俐丰盈的胸部成
为最耐人寻味的焦点。

也蛮单纯的呀……这就是一件白衬衣在性感女神身上的净化功能。

莎朗·斯通的开放不论在电影里还是生活中都是众所周知的，她有足够的资本穿着暴露的衣裳，但是你会发觉一件白衬衣竟然成为她的穿着史上最为辉煌的一笔，而且还是她从自己的新婚丈夫衣橱里借来的。时尚界只要提及白衬衣就必提莎朗·斯通，为什么？有那么多女明星穿过白衬衣，为什么偏爱她身上的这件？因为，这件白衬衣让一个豪放不羁的大玩家返璞归真，白衬衣在她所向披靡的笑脸反衬之下变得特别感人，因为那代表了一个好归宿，那洁白刷新了一个女人的人生，从而显得特别有魅力……尽管，此情可待成追忆。

巩俐穿白衬衣牛仔裤的那次，被批评得厉害，这是她的形象顾问的失策，因为对一个明星来说穿着不仅要动人还一定要顾及场合。顾及场合不只是要在环境中得体，还要考虑观者的心理，他们的接受度和期望是什么？尽管如此，我还是认为巩俐那次的穿着是唯一给我留下动人印象的一次。她突出的上围一直被人津津乐道，但是白衬衣却淡化了这一优势，正因为她淡化了最显而易见的身体优势，才让自己气质中最应该被挖掘却一直被掩埋的那一部分浮出了水面，那就是她身上艺术院校的学生味，在白衬衣毫无曲线的裁剪里，她丰盈的胸部成为最耐人寻味的焦点。

现在，我想你已经了解，如果你不是因为想竞选总统或者为了推销公司产品显得诚实和值得信任的话，你最好已经明白像上面提到的这种平铺直叙的剪裁和轮廓的白衬衣最好是留给以上这三位明星穿。又或者，你像模特一样高挑，并且可以像她们那样袒胸露脐，那么男版的白衬衣才有可能成为你的经典，因为这样的穿法改变了白衬衣的呆板无声……

　　亲爱的，别着急，你也会找到一件白衬衣，使你拥有明星一般风采，独特到他人无法模仿。

　　我认识一位女士，并且曾经莫名地为她的白衬衣感动。那是在夏天，香港地铁的站台上，夏日的晨风徐吹，我觉得她显得好干净，好精致。她穿着一件无领纯白丝麻衬衣……那件白衬衣款式极其简单，圆领，锁骨下面只有一粒小扣子，直身的轮廓，因为质地比较稀疏，所以里面衬了一件白色的内搭小背心。她将袖子卷了几卷，显得更加利落。配了一条同样质地的黑白夏日长围巾，随意地搭在肩上，图案是疏朗的几何线条。下面穿了一条卡其七分裤，黑色低契跟磨砂包头凉鞋……后来，我见到过她穿其他的白衬衣，但是再没有那个夏日清晨给我的感动。

　　也许她自己都不知道，那件无领的白衬衣无论质地、款式、颜色都是最适合她的。因为她的肤色是淡淡的小麦色中有些红血丝，肤质看起来不够细腻光润却保养得很干净，这样的肤质与特别有质感的面料搭配会相得益彰，但是面料不可以太厚重。丝麻既通透又肌理明晰的视觉效果使她的皮肤显得特别健康、阳光、干净，让她拥有说不出的精致感，对一个肤质不是很完美的女性来说，这种效果真该好好珍惜……可惜，我日后看到她不断尝试其他的面料，她不明白，丝缎、丝绒一类的面料会将她的皮肤反衬得粗糙起来……

　　我记得，在那个夏日的站台上我认真地对她说过："你穿这件衣服非常好看。"不知道她有没有记住？或者她是否知道那是多么真实的赞美和提醒！希望她不要认为那只是我喜欢赞美他人的习惯。除非是正在做形象设计的客人，我才会将利弊分析出来示人，否则，我一般不喜欢去指正他人。我担心的是或多或少会让他人有受挫感吧，人都不愿意面

布吕尼演绎白衬衣和小黑裙的搭配。

白衬衣与卡丁衫的搭配。

对自己的局限性，不愿意换一个角度将自己的局限转换成自我风格的基石。客人之所以特别肯接受这样的分析意见，是因为他们都是对自我造型特别有需要、有认知的族群，他们明白最让自己有收获的就是这些可以让自己幡然醒悟的真话。

现在，我们要将面对经典款式的视野放大到最辽阔的领域。我之所以拿白衬衣来做收藏经典的热身动作，并非它是我要首推的经典，而是它最为我们所熟悉。

案 例

我曾经为一位女士推荐过闷款小黑裙和呆板的白衬衣，但是效果好得出奇。我为她选择的小黑裙在剪裁上没有任何独到之处，也没有任何细节上的设计，连公主线都没有，完完全全的一件小黑裙。我不仅为她选择了这么没有创意的简单"闷款"，还为她推荐了最简单的男版白衬衣，质地也是普通的那种，较硬挺的棉布。我帮她将白衬衣下摆在胸下系出一个精致的平结，把她推到镜子面前，对她说："对你，这样已经足够。"她不敢相信自己呈现出与以往截然不同的魅力，有些怀疑地问："要不要换件白衬衣？那件怎么样？"我很肯定地告诉她："不，就这件，如果你不相信，你可以尝试、比较！"结果当然是接受我的选择，她买了单，很兴奋，因为她发现了一个全新的自我。

这位女士自己是从事设计工作的，有一张非常漂亮的脸，但是个子不高，手脚很小。这样的相貌与身型搭配比较容易流于常俗和居家丽人感觉，所以她必须用减法来弱化她的美貌，增加整体的大气和高智商感，以及现代感，因为这样的外貌是 20 世纪最流行的特征。她原来在台湾做过形象设计，可是造型师为她带来的是戏剧和华丽感，周身有不少亮片、钻石之类的装饰，喜欢热裤、花朵图案、醒目造型，特别容易给人带来只有一张漂亮脸蛋的浅薄感。造型师只挖掘了她的外貌优势，以为在优势上加分就是彰显特质，殊不知有些优势是特别不可以张扬的，有些优势的加法会适得其反。

因为这不是一个靠脸蛋吃饭的时代了，一个女人的 IQ、EQ，甚至 AQ（逆商）都会成为她形象的亮点、制高点……所以，我拿掉她身上一切的脂粉气、华丽感和戏剧造型，为她打造最简约的大都会感，使她漂亮的脸蛋在素朴的色彩和利落的造型里成为真正耀眼的亮点，让人们感到这个穿着简单的女人原来这么漂亮，也是在用简约的穿着让人们感觉她对自己的漂亮不在乎。只有什么人不在意自己的漂亮？当然是绝对有才华的人！这就是我为她重新造型的目的——让她以及认识她的人重新评估她的价值，让她升值！因为她已经不年轻了，完全到了应该在造型中体现内涵和才华的年纪。对如此漂亮的脸，不够妖娆妩媚的小黑裙与白衬衣是最好的衬托。事实证明，这样的调整和选择是对的，她身边越来越多的人赞美她气质越来越好，这句赞美里有一句隐藏的台词：原来的她是美貌有余，气质不足。

颜 色

在白衬衣里，你首先要决定选择什么样的白色：银白、纯白、墙白、本白、奶白、米白、云白、沙白、珍珠白、奶酪白……哪种白色是你的经典白色？这个选择决定了你可以将什么白色穿得最为干净。当你选择了错误的白色时，你的脸部会像被木框框住了一样呆掉了，并且会显露出皮肤中不纯净的杂色。

质 地

白衬衣的质地可以让你的皮肤质感给人最佳的呈现：可爱的宝宝般的脸，纯净的天使般的脸，令人羡慕的旅行者阳光的脸，干练的精英的脸，踏实可信赖的脸，贵族般雍容的脸，艺术家洒脱的脸，利落有效率的脸，学究气的脸，养尊处优的脸……这些都是可以借助白衬衣的面料制造出来的效果。

欧根纱的白色衬衣是白衬
衣中的华丽单品，完全具
备大牌风范。

　　棉质之中又分很多种，不同支数的棉纺品决定面料的厚度精致度，有的紧密，有的稀松，有的上面还有桃皮绒毛……有些不适合纯白色衣服的人在选择稀松的白色棉衬衣之后，肤色可以得到改观，因为质地稀松的白色衬衣会因为透光而变得没有那么直接、那么强烈的白了。在棉质的白衬衣中，还有许多特别的隐形图案，比如提花条纹、仿鸵鸟皮提花小波点等。

　　丝棉、棉麻、丝麻是比较休闲的质地。

　　穿丝绸、丝缎的白衬衣，要注意的是女版的丝缎白衬衣不要穿出高级睡衣的效果来……

　　欧根纱的白色衬衣是白衬衣中的华丽单品，完全具备大牌风范，但是要特别注意纽扣和缝制工艺。

款 式

白衬衣的款式远比我们从时尚杂志中知道的要多得多。

最简单的就是男版和女版白衬衣。

还有维多利亚风格的、俄罗斯风格的、法式、印度式……

小立领的、无领的、裹身式、猎装式、前襟布满风琴褶的……

轮廓更分为直身、收腰紧身、A-LINE……以及解构造型。

穿 法

如何穿白衬衣，也是它能否成为你专属经典的关键：

有的白衬衣特别适合将扣子开到第三颗的位置。

有的白衬衣却在扣子全部扣上时别有韵味。

有的白衬衣配绅士马夹堪称一绝。

有的白衬衣能用各种长方巾做出百变造型，无人能及。

有人专门为专属白衬衣寻找绝配的项链或者腕表。

有人会为自己的专属白衬衣特地配一副眼镜。

有的白衬衣专门配各种圆裙，纯情典雅。

有的白衬衣搭配阔脚裤，潇洒自如。

有的白衬衣专门搭配吊带衫、竹节手把的黑色漆皮包，成为高级休闲典范……

选对你的白色，选对你的质地，选对你的款式，选对你的穿法，你才能说拥有了一件经典白衬衣。否则，没有人会记得你穿过白衬衣，哪怕你穿的跟梦露、巩俐的白衬衣相差无几。假如，你能驾驭的白色不止一种，能驾驭的质地有好多样，能掌握和发明的穿法颇具巧思，那么你简直就是穿白衬衣的经典人物。

什么时候，你因为自己的白衬衣给过他人某种感动，令人产生微妙的羡慕，你的白衬衣就成为你衣橱中的经典了。然后，你可以多收藏两件同类单品，最好保持总有一件新的处在待命状态，说不定某个重要的时刻它就派上用场了，跟莎朗·斯通一样，有四两拨千斤的效果……这才是你要模仿的部分，是隐藏在白衬衣之外的那些信息。

玛亚提示

用以上的启示来寻找其他颜色中最适合你的衬衣，比如蓝色，在各种不同的蓝色里寻找到一种最适合自己的蓝色。中性色，它是增添时尚优雅气质的秘密，如果你能找到好几种适合自己的中性色衬衣，比如麦乳色、沙滩色，那么你会发现出门搭配变得很容易，因为中性色与其他颜色的和谐度比较高，很容易成为出色的配角。

如果你无法决定某种颜色与自己的适合程度，那就请形象设计师帮忙吧。设计师会帮助你拥有自己的色卡，尤其当你有明确的需要时，色卡会派上大用场。同时，请记得询问适合你的质地是什么，这也很关键，颜色质地都正确，才会使你呈现出超凡的气质。

玛亚的衣橱

我原来的白衬衣都不怎么白，因为纯白偏冷，我的肤色比较暖。但是我发现随着年龄的增长，内在的驾驭能力已经超过肤色的驾驭能力，纯白的白衬衣我一样可以穿得精彩了。

我有丝绸的米白色衬衣三件，其中两件分别是女版、男版。因为我不适合穿棉质男版纯白衬衣，在我身上，它们会显得过于保守——职场气质的白衬衣不属于我的外穿型衬衣。所以我喜欢将属于我的白衬衣搭

米白色真丝女版衬衣。

配在硬挺的外套或者大衣当中，用丝绸的清凉柔软来平衡厚重和密封感。

不过我也有两件薄棉的纯白衬衣。一件是小立领的直身款式，暗门扣，两侧有小小开衩，这些细节都让衬衣显得比较女性化。另外一件是无领，前襟压有几道风琴褶，款式就像一件卡丁衫，两侧也有小小的开衩。这两件纯白的衬衣因为比较薄，可以隐约透出我的肤色，所以在颜色上也被我转换为"暖白"色了……我喜欢用质地相当好的深色丝绸裙、高跟长皮靴来搭配薄棉的白衬衣，袖子一定挽起来，带上精致的咖啡色皮质腕表，让白衬衣平凡的质地接受华丽和帅气的礼遇。

我最爱的则是一件米白色的欧根纱白衬衣，它没有领子，居然像拉链衫那样有个兜帽……真是很别致的款式，既隆重又随意，我常常配一件白色的紧身针织衫在里面，将它们的下摆一同放进长裙的腰里，至今，还没有看到过与之相同的穿法，所以内心的钟爱就特别添加了几分。

还有、还有……

用白衬衣做经典收藏的开篇，纯粹是因为人人都见过白衬衣，如果你恰好喜欢白衬衣，那么我盼望你能找到属于自己的白衬衣经典款，只有最适合你的才会在你身上显得经典。等到你穿的白衬衣使得看见的人都赞叹得想要模仿你时，这事就算成了！

衣橱首推：衬衫裙

Shirtdress

衬衫裙，以它美丽的混血儿气质成为从 6 岁到 60 岁都能穿的款式。最重要的一点是：当你拥有了自己的衬衫裙，你只要配好一双鞋就可以出门了。

衣橱首推：衬衫裙
Shirtdress

在经典款的收藏里，我会首推衬衫裙（shirtdress）。为什么呢？我想问一个问题：为何全世界的人都觉得混血儿是最漂亮的？因为人人都能从混血儿身上看到与自己贴近的基因，混血儿模糊了使人感觉到陌生的纯种族的界限，使人感受到熟悉的气息。知道吗？衬衫裙就是经典中的混血儿，集中了大家最熟悉的元素：一件男士衬衫，这是全世界哪里都看得到的，是全世界的人都不会感到陌生的单品，衬衫裙就是从一件男式衬衫开始的经典！

衬衫裙，以它美丽的混血儿气质成为从6岁到60岁都能穿的款式，花色的浓淡、价位的丰俭都可因人而异。最重要的一点是：当你拥有了自己的衬衫裙，你只要配好一双鞋就可以出门了。如果你想体会我所说的这一点，可以去看电影《Flipped》（怦然心动）。在这部电影里，你会看到美国20世纪50年代一个非常美好的故事，而且它会让你深

美国的 20 世纪 50 年代，衬衫裙简直是
以不变应万变的姿态占据了那个时代。

衬衫裙的开扣也可以只在上半身就结束。

在法国前总统夫人布吕尼身上常常能发现
衬衫裙。

刻感受到衬衫裙的世界。在电影里，不论是富庶的家族还是清贫的家庭，不论是少女、少妇，还是老奶奶，都可以享受衬衫裙带来的美丽，而且决不让你觉得腻烦和雷同……衬衫裙简直是以不变应万变的姿态占据了那个时代。说到"以不变应万变"，其实是件不容易的事，"不变"中的奥秘是很强大的。

我将一条连身裙放在经典收藏的首位，是因为对一个女性来说连身裙是最具性别代表性的。服饰词典里，女装的翻译是 dress，在时尚杂志里，dress 的解释可以是连身裙、布拉吉，或者表示"正式服装"，相当于法语中的"robe"。

当女装可以上下身分开来穿着时，代表女性不仅已经在职场上跟男人平分天下，还表示女性的穿着开始逐步走向中性。所以连身裙是现存女装中最具女性魅力的，并且它的跨度相当大，可以从天真的布袋装到华丽的晚礼服。在这个幅度之间，衬衫裙几乎可以适应各个国家、各个种族、不同体形和气质，以及几乎所有的场合。你对它的了解还无须达到全面的时候，就已经可以相信它真的是每个女性都应该收藏的，在小学女生和法国前总统夫人布吕尼身上你都能发现它。

讲到衬衫裙，你一定会想到男士衬衫那样的领子和前襟，其实不然。衬衫裙的开扣也可以只在上半身就结束，少数衬衫裙也可以没有领子——鉴于无领衬衫的存在，我也只好将它纳入衬衫裙之列，但它不属于纯正的衬衫裙。另外，衬衫裙一定有腰带。

我先来讲一条最"原始"的衬衫裙，你只需要在想象中将一件衬衣的下摆加长到膝盖以下，扣子也随着衣服的伸长而增加……是的，许多大品牌都做过这样正宗的衬衫裙，比如 Salvatore Ferragamo、

Celine、Ralph Lauren、CK、agnes.b······一般用素色，很经典的有卡其色、白色、蓝色等。但是衬衫裙的王国其实会丰富得让你目不暇接，在那里，你一定可以寻找到属于自己的经典款。

领 型

衬衣领、敞领、青果领、立折领、双排扣眼领、意大利领、尼赫鲁领、拿破仑领、士官领、蝴蝶结领、围巾领、水兵领······

丰富的领型，已经开启了气质语言的第一步。

Salvatore Ferragamo 的雪纺橙色衬衫裙，长及脚踝，那种飘逸真是惊心动魄，穿着这样的衬衫裙在秋天的地中海旅行，实在惊艳；

Celine 曾经做过一条蝴蝶结领的衬衫裙，用雪白的丝绸，看上去高贵得像个王妃；

Ralph Lauren 的衬衫裙可谓卡其布的经典作品，在都市里穿像刚从非洲旅行归来的中产阶级或知识分子，在非洲穿则像有个大咖啡庄园的女作家；

CK 的衬衫裙，充满都市女白领的优越和敏感，是融入大都会的上好单品；

agnes.b 的则是最朴素，也是最文艺、怀旧的"老实"款，但是却暗藏风情，如《上帝创造了女人》一片中的碧姬·芭铎那样，如果你文弱，就穿得出文艺气质；如果你有韵致，就穿得出性感······是等着人去说话的衬衫裙，一如法国美女，无过人之处的服饰，只要上了法国美女的身，就呈现出无法言说的魅力。

这条裙子叫"理智与情感",
全羊毛,中袖,藏青底色上是
纤细的白色条纹,要走近才看
得到,最中规中矩的款式。

长 度

衬衫裙的长度，如果在膝盖之上，除非你是 6 岁，那将十分纯真甜美。因为衬衫裙的扣子不会一扣到底，所以裙子不够长的话很容易走光。我一向不主张露出膝盖的长度，第一，是很难得看见结构优美的膝盖骨，骨感的膝盖会比较秀美，但是中国人的膝盖跟脸形一样都不够骨感。当膝盖露出来之后，也容易暴露腿部线条的不够笔直。第二，是让裙长超过膝盖比较容易拉长下半身的视觉比例，因为中国女性的身高腿长都不容易成为优势。第三，遮住膝盖，气质更优美。也可能是我的客人多数都是 30 岁以上的女士，所以，我最推荐的裙长是膝盖以下 10 厘米，这个长度遮住了从膝盖到小腿那一段容易显得弯曲的过渡地带。裙子够长，也容易将视线、比例从腰腹部拉开。把短裙留给年轻女孩吧，你也年轻过，不必留恋过去。

如果你不够高，那么选择膝盖以下 10 厘米的衬衫裙很合适，它会拉长下半身的比例，也从整体上增高。如果你够高的话，长及小腿肚最丰满处的长度会让你飘逸灵动。

其实，最不能忽略的要点是，衬衫裙中隐藏的历史语言，使得它无法不用过膝的长度来表达，只有这种长度才带得出它的经典和暗藏的性感——极端正气的纯女性特质。

摆 度

衬衫裙分直身和有摆两大类。有摆的分为微 A 的、拼片的、暗褶的、百褶的、伞状的和大摆的。其中大摆也包括采用拼接、圆裁和打褶的手法来完成大摆度。

青果领经典图案的衬衫裙。

衬衫裙的摆度由你的活动量和出席的场合来决定，有摆的衬衫裙可谓风情万种。

对职场女士来说，微 A 和暗褶是好选择，布吕尼的衬衫裙常常就是微 A 的，总统身边的那块方寸之地就是她的职场；双排扣眼领的百褶裙则非常适合公司的高级主管。

伞状和拼接比较生活化、休闲化，旅行和日常穿着都适宜。

大摆适合高级社交以及休闲娱乐场合……

袖 长

衬衫裙的袖长有好几种，长袖、手镯七分袖、中袖、短袖、翻边袖、无袖、主教袖、系扣袖口、连肩袖……

将长袖挽几挽，将衬衫裙的领口打开两颗纽扣……还有什么比这样更为惬意随意的？衬衫裙带来的身体语言是自在的，和其他连身裙的语言相比，它多了一份率性。我个人特别喜欢长袖的衬衫裙，能够让我依据心情随意卷袖，制造不同效果。

口 袋

啊，不论是插袋、暗袋，还是贴袋，只要一条衬衫裙还有口袋，几乎就达到让我决定拥有它的地步了。不是我有东西要装，而是口袋为我设计好了一个可爱的 pose，在行走的时候，手可以放在口袋里，感觉很安全，而且没那么孤独，并且有点酷。还有，当你不想让"他"牵到你的手时，你的双手就有地方躲起来了……哈！

花 色

衬衫裙在素色的时候也许更显正宗而百搭，尤其是卡其色，不论深浅，在任何时候都是衬衫裙中的经典色。但是图案却为它带来精彩的世界。Hermès的 T 台上那彩虹般的大摆衬衫长裙就曾经惊心动魄地荡漾出美国西部的狂野和豪放……

条纹，尤其蓝白相间的条纹是衬衫裙常用的图案，条纹的粗细带来强势和斯文的不同性格。

波点，是衬衫裙喜欢用的经典图案，波点的大小不一：大而疏朗的波点强烈、高傲、时尚；细小而密集的波点则隽永、耐品、复古；不同颜色的波点显得年轻、稚嫩、热烈……

花朵，是可以大大改观一条衬衫裙气质的图案：大而稀疏的花朵显得摩登成熟；碎而弥漫的花朵充满女性的情怀；浅色系和灰色系的小碎花充满了平凡的、周末的、夏季的温情；浆果色系的碎花洋溢着秋冬季的温暖；水天色系的花朵最好在海边和春天时穿……衬衫裙一旦有了花朵，它就被完全的女性意味占据了，但是它仍旧保持外穿感强烈的暗示成分，你会发现一条非衬衫裙类的连身裙在冬天出现会显得不合时宜，但是一条单薄的衬衫裙即使在冬季单独出现也显得合乎常情……这是时间洗涤出来的效果，并无太多的为什么。即使配上一双橡胶雨靴，衬衫裙也能将整体形象提升到一个饶有兴味的想象空间，就是说，衬衫裙很难使你失礼于人。

质 地

衬衫裙的质地从卡其布到不同厚薄的棉、麻、雪纺、丝绸、双宫缎、

掺入灰度的芥末绿花鸟图案，很英伦，像雾中的墙纸。

冰激凌底色上有湖蓝色的几何小花，是 20 世纪 70 年代的田园风格。

粉色的桃花与枝叶，像 20 世纪 50 年代的色彩。

混纺、羊毛……可以说种类丰富。可以根据自己的年龄、出席的场合来选择。就拿卡其色来举例，棉布的卡其色面料适合年轻的女孩穿着，质地好的麻质面料适合有艺术气质、浪漫气质的人穿着，双宫缎的卡其色则可以穿了出席比较重要的聚会，而棉麻的卡其色会给高级社交带来风尘仆仆的观感，好像你刚下火车一般不够得体，对主人也显得不够重视。在秋冬季节穿衬衫裙，最好记得搭配丝巾或者胸针。

配 饰

穿衬衫裙戴腕表很好看，尤其是皮质表带、方形的腕表。

当你开始收藏属于自己的衬衫裙时，你还要准备好各种宽度、颜色、质地的腰带。

纤细的亮色，比如伦敦红、皇家蓝、薰衣草紫。既然是夺目的亮色，我建议宽度只在 1 厘米至 1.5 厘米之间。这些纤细的亮色是用来搭配深色的、有摆的衬衫裙的，比如深蓝色、咖啡色、驼褐色。另外，金色和白色衬衫裙也可以选择纤细的腰带，白色衬衫裙最好选用漆皮腰带。

简约的宽腰带，宽度一般在4.5厘米至5厘米之间，只有身高超过1.7米的女士才有必要考虑5厘米宽度的腰带。当衬衫裙又长又柔软的时候，腰带就要宽、要硬，让它成为造型的支点，使整体有一个有力量的焦点。这时，裙子才会突出飘逸感，否则会显得疲沓。

宽腰带可以是黑色、咖啡黑，如果衬衫裙的面料亚光而低调就可以用黑色漆皮腰带。宽腰带最需要注意的是皮带扣，不要选用不锈钢的，那会显得廉价，最好是包本色皮的、烟熏铁扣、有机玻璃仿琥珀的、仿古铜的，腰带最好看上去像是一条质地上佳、毫无磨损的旧皮带。如果你想得到使用腰带的反面教材，只要参照奥巴马夫人的腰带即可。

中庸的 2.3 厘米至 3.5 厘米之间，是非常平常而又别致的腰带宽度，这时完全可以选用同样低调的颜色，浅驼色、云灰色、苔绿色、沙白色、黑色、茶色……这些颜色会是各种衬衫裙的好搭配。

玛亚提示

如果你在国外旅行，一定不难发现穿衬衫裙的老太太。她们一点都不介意展示自己已经发福的身材，所选的颜色还相当浅淡轻盈，奶油色、冰激凌色、鸭蛋壳青、橡皮灰……很可爱的是，在已经看不见腰身的腰部，她们仍旧坚持系上一条小腰带，配着丝袜、小提包，唇上还有润泽的口红，显得特别体面高雅。在她们身上你特别能够领略一件衬衫裙的教养——端丽的、殷实的、受过教育的、都市感的、有见识的……

衬衫裙有种可退可进的低调，它能以很高贵的形式出现却仍旧让人觉得可亲，又能素朴见人，表现得有礼有节。说到底，衬衫裙朴素的根基决定了它的开阔世界，人人都见过一件衬衫。从 20 世纪 30 年代开始，衬衫裙就开始在名媛阶层、时尚圈出现，这条历经半个多世纪的裙子，在赤脚的碧姬·芭铎身上性感过，在戴安娜身上显赫过，如今，完全呈现出宠辱不惊的大家风范。

你可以穿衬衫裙上班，只要选择的是中性色系，羊毛含量 45% 以上的面料，膝盖下至小腿中部之间的长度，深浅褐色、藏青色、中灰色、炭灰色等。如果你只是一个普通职位的女白领，那么请选择更为朴素的面料，否则你的形象看起来会很容易超越你的主管，别给自己惹麻烦。

你也可以选择穿它去约会，选择柔软的面料、雅致的色彩，你的男友见了会既觉得你重视他尊重他，又觉得你端庄可爱。不需要问为什么，男人就是喜欢女人身着 dress，真的。衬衫裙会让男人肃然起敬，它和别的连身裙不一样的就是，会透露非常隐约的能力，可贵的是绝不破坏女性气质。

你还可以穿着衬衫裙去各国旅行，相信我，它会让你在旅行中无比自信、自如。选择一条中度裙摆、长及小腿肚的衬衫裙，如果是卡其色，那你更加容易融入各种景色，还有什么颜色比它更能让你像个旅行中的行家呢？

诸如进修学习、座谈会、参观、家访之类，都可以让衬衫裙出场。至于女性聚会，有图案的衬衫裙真是再适合不过了……在 20 世纪四五十年代，淑女们只要在衬衫裙外再配上小手套、帽子、船形高跟鞋，哪怕那件衬衫裙是一件短袖的，也立刻隆重起来。

这是一件可以走进名校讲堂，又可以奔驰在草原、沙漠的 dress；这是一件可以徜徉在欧洲任何一个教堂的广场上喂鸽子，又可以在非洲雨季的门廊里喝咖啡的 dress；这是一件见过世面的 dress，这就是衬衫裙！

中袖双排扣羊毛衬衫裙。

中袖羊毛衬衫裙。

蝴蝶结领真丝雪纺衬衫裙，长及脚踝，飘逸灵动。

玛亚的衣橱

在我的衣橱里，有很多条衬衫裙，都是长及小腿中部，而且几乎每条都有口袋。写到此处，我竟然开心得笑起来。

深蓝色丝棉的，挂全里，里面的衬布是雪白的棉纱，走起路来仿佛时不时有白色的浪花翻涌。拼接大伞摆，拼接处有深蓝色丝带遮盖接缝线。简单的女版衬衫领，扣子一扣到底。短袖。我通常用白色的纤细腰带来搭配这条衬衫裙，显得特别干净、沉静。曾经多次，在街上走着，被女士拦住问我这条裙子的出处⋯⋯

深咖啡色混纺棉的，里布用的是酒红和褐色晕染出抽象图案的乔其纱，翻边短袖。当时看中的就是袖口翻出来的那一小截乔其纱，使得整条裙子一下子活起来⋯⋯我用牛皮原色皮带搭配，因为这条裙子的质地相对厚实，所以不适合用纤细的腰带。

夜空蓝底白色细波点，短袖，扣子只开到腰下三寸位置就止住了。有 150 度的摆，软却不薄的精纺棉，有说不出来的既田园又都市的混搭感觉。原本有一条两厘米宽本色布做的腰带，但我发现用本色的腰带会让这条裙子变得老气而又平实，所以我用纤细的伦敦红漆皮腰带来搭配它，红蓝白，变得很法国的色彩气质。人人都说那裙子好看，其实它是那么简单。

两件重磅丝绸衬衫裙，灰紫色底上有褐色的细波点，不过扣子是一扣到底的。我一直比较喜欢这个最正宗的款式，让扣子一扣到底。另一件是烟灰色，有两个猎装口袋，里面还有一件珠灰色吊带衬裙，在我想多解开一些扣子时，既不曝光、也不闷人。

三件图案十分复古的短袖丝绸衬衫裙，搭配开司米卡丁衫的上乘良品。一条是掺入灰度的芥末绿花鸟图案，很英伦，像雾中的墙纸；另一条是粉色的桃花与枝叶，像 20 世纪 50 年代的色彩；第三条是冰激凌底色上有湖蓝色的几何小花，是 20 世纪 70 年代的田园风格。这几条衬衫裙每条都可以穿了"入戏"，拍到电影里一定令人耳目一新，而且很好搭配。最后这条甚至可以与牛仔短外套搭配，效果非常清新。

两件中袖的衬衫裙，而且都算是衬衫裙中的经典颜色。

一件是棉纱的，驼褐色，非常薄，所以里面雪纺的吊带裙清晰可见，女人味十足。开扣直到腰线就结束了，下面是压出来的百褶裙。我曾经疑惑，这么轻薄的面料做百褶，真是自讨苦吃呀，多么难以定型……可是，穿上身之后才知道设计者用心良苦，正因为是百褶裙，里面的吊带裙就无法显出清晰的轮廓，这件衬衫裙也显出它精致而又平静的不凡气质。我用深咖啡色亚光硬皮宽腰带来束腰，搭配一双中跟的法国红吊跟漆皮鞋。我喜欢穿它看电影，在水边的露天木椅上喝下午茶。

另一件是麻的，微微偏绿的卡其色，胸襟上有两个猎装式贴袋，尼赫鲁立领。它原本的腰带就是用裙子的麻料做的，绑在腰上很快就卷曲起来，显得很没精神。我为它寻找到一条用细皮绳编织而成的宽腰带，没有带扣，需要自己打结，因为柔软，我每次都打一个平结，又稳当又贴身……在夏天，穿着这件衬衫裙和一双黑色软漆皮的西班牙平底高帮短靴，跟一个理科生约会。我低头看看他的卡其布长裤，又看看自己的裙摆，在跨步和风中翻飞，露出白而干净的膝盖和小腿的内侧……感觉一切好完美，走着走着，就把插在口袋里的手放了出来……理科生牵上

羊毛格子的长袖大摆衬衫
裙，是我衣橱中的至爱。

了我的手，成为我的丈夫。当然，在这过程中，他还得经历我好几季的无数条衬衫裙。

有一件羊毛格子的长袖大摆衬衫裙，是衣橱中的至爱。不论去哪个国家，除了夏天之外，都是最好的旅伴，是走遍天涯也人见人爱的宝贝。

另一件至爱名叫"理智与情感"，全羊毛，中袖，藏青底色上是纤细的白色条纹，要走近才看得到，最中规中矩的款式，小驳领，复古银圆扣，一扣到底。我穿着它上讲台时，觉得它既显得端庄职业，又生动女人，是我不想为讲台多费脑筋时的法宝，每次穿上都会有好心情、自信心。

还有一件珠白色丝缎的衬衫裙，男士衬衫领，上半身有两个猎装口袋，在丝缎的柔软里平添了男性的硬朗，下摆是大 A，长袖，长及足踝上端，飘逸高贵，是去晚间 party 的好着装，显得够隆重，又有几分随意。

其实，我的衬衫裙永远都在增加，总有新的准备代替原来的……

衣橱必备：船形鞋
Pumps

鞋子对女人来说实在是非常非常重要的！一个盛装的女人，如果没有了鞋是羞耻的，而一个裸身的女人如果还保留着脚上的高跟鞋，就还是深不可测的。Pumps 的经典就在于它不过度设计，没有多余的解释，看上去只剩下简约的功能，却让你体会到一句箴言："沉默是金。"

衣橱必备：船形鞋
Pumps

  我将一双鞋摆在经典收藏的第二位，是因为刚刚我说当你拥有了一件衬衫裙之后，你就可以穿着它出门了，它可以昼夜不分地到处去……不过，衬衫裙还需要一双好鞋，现在，它就在这里！

  Pumps，船形鞋，也叫包脚鞋。

  你知道 Kate Moss 的穿衣秘诀是什么吗？就是在她的混搭天下里，她特别善于选择鞋靴。黑色 pumps、黑色芭蕾舞平底鞋、黑色马靴是她使用率最高的鞋靴。在她的脚上你不会发现像《欲望都市》里的凯瑞疯狂收集的 Manolo Blahnik 或是 Jimmy Choo，也不会看到她穿鲜红鞋底的 Christian Louboutin，当她身着顶级名牌或者古董晚装时，她也只是脚蹬一双没有任何装饰的黑色高跟 pumps。

  你很容易找到她裸露整个双腿和胸部的照片，但是你几乎无法发现

Kate Moss 和其他女明星的区别就是——不死劲儿打扮，总是透着随手拈来的功力。

她穿过露脚趾的鞋。也许她的优雅是极易被争议的，但是她穿鞋子的品位却值得太多白领学习——她们太容易露出自己的脚趾了，只要夏天来临，几乎每个女生都会迫不及待地穿着凉鞋上班……甚至她们的女上司也如此，即使是在很高级的写字楼里，所以，你怎能盼望她们穿对鞋呢？

我曾经参加一个首饰品牌的发布会，公关公司带着团队从知名的大都市赶到深圳，在五星级的宾馆招待媒体和时尚界。负责新闻发言的公关女生，化妆精致，身穿齐膝的小黑裙，在宴会厅里忙碌。我坐在那里为她提着一口气，因为我发现开始的时间快到了，她却还没换鞋，脚蹬一双黑色的高跟拖鞋。我想她一定是走得太多，为了舒缓脚趾才穿的。结果，她在灯光里站到前面去，穿着一双高跟拖鞋开始发言了。不会吧！我当时在心里惊呼了一声，那么贵重的首饰品牌，怎么会准许这样的形象出场？就好像刚从卧房的梳妆台前赶过来……不管你的双足长得多么完美，这也是很不得体的表现。夏天，在很多非保守的工作场所，都有此类现象。人们错把摩登当标准了，以为流行和时尚就是正确的理由。

对于Kate Moss，正是那双黑色pumps让她从众多美女中脱颖而出，总是排在最会着装女明星的榜首。并非这双黑色pumps是鞋中翘楚，得胜的是她的心态和品位。她和其他女明星的区别就是——不死劲儿打扮，总是透着随手拈来的功力。

刻意，无论在为人处事上还是打扮上都是容易让人感到疲累的作风。刻意而为之的人其实自己也很累，刻意的妆容打扮是需要时时小心维护的，就像刻意地为人一样。我认识一个公关高手，每次她打电话给我都会十分活泼、热忱，把你的情绪调到最高点，然后无法拒绝她提出的策划、要求。可是我发现每次电话结束时，她的告别都很匆忙，透露着完成任务之后急切收工的草率……这让我看到了她的真实性，也让我对她产生失望，她在电话里精心策划的每句话逻辑和推断都那么完美，所以她的一点点疏漏就显得很功利和虚假，以致我后来常常躲她的电话。

我把刻意打扮的风格称为红地毯派，这一派的女明星无法超越 Kate Moss 的就是让全世界看到她们打扮得完美无瑕。Kate Moss 选择的这双普通 pumps 是那样的漫不经心，那样的举重若轻，这份随意是她历经千山万水、阅人无数之后体会出来的吗？我无意深究，但是这双 pumps 却昭示了一种最为恰当的度，造型绝不是叫你武装到牙齿。如果说 Kate Moss 放荡不羁的人生还能常常被媒体当成优雅典范的话，这双 pumps 真是功不可没。因为它保持了某种平凡的常态，持守了女人身上值得让人信任、喜爱的那么一点立场，也放下了"端起来"活着的姿势。

Pumps 是浅口高跟鞋，又称无带浅口高跟鞋。这款鞋不露脚趾，可以是高跟、中跟、低跟。当然它不会只有黑色，不过黑色是它约定俗成的经典色。这款鞋从英国女王、总统夫人，到卡地亚的公关小姐的脚上你都会看到，可谓打遍天下。

鞋子对女人来说实在是非常非常重要的！一个盛装的女人，如果没有了鞋是羞耻的，而一个裸身的女人如果还保留着脚上的高跟鞋，就还是深不可测的。Pumps 的经典就在于它不过度设计，没有多余的解释，看上去只剩下简约的功能，却让你体会到一句箴言："沉默是金。"沉默的人是最好的伴侣。你要是拥有了一双 pumps，就会很上瘾地到处寻找它，甚至产生鞋柜断货的恐慌，因为，它真的不好找。设计师们都在过度地设计一双又一双的鞋，他们一定是男人，没办法体会 pumps 的秘密——而 pumps 的高尚、雅致，是你穿过之后才能体会得到的。

尽管时尚界会提出船形鞋老派的看法，但是我坚持它绝对是不可或缺的配搭单品。虽然看起来没有什么设计，但是以我多年的穿着经验，我还从来没有遇到过两双一模一样的 pumps——这就是会对它上瘾的原因，因为一点点微妙的差别都会使它呈现完全不同的风情。你想想看，光是皮革材质的不同、色差就足以带来不一样的观感，更何况鞋跟的高矮、粗细度、坡度，鞋头的弧度，还有鞋底的设计……这一切都足以让你感到对 pumps 永远需要了。

我在为客户作衣橱整理时，经常遭遇的问题之一就是满地的鞋，却仍旧不够！我曾经在一个豪宅里，看到女主人将自己所有的高跟鞋摆了满满一地，让我看看有没有可以继续留用的。因为她发现自己没鞋穿，原话是："找不到配衣服的鞋子。"我扫了一眼，笑了。她的每一双鞋都是过度设计的作品，颜色繁多，显然是照着她的许多衣服去买的，鞋面的赘物也特别多，几乎每一双都很隆重，但是她没有一双 pumps！这就是她总感到没有鞋穿的原因。后来我为她买了好几双品质经典的 pumps。她说："这几双鞋好像什么都能搭，以前那些鞋我都不想要了，好像不如这几双这么高贵。"

尽管人们总是拿《欲望都市》形容并渲染高跟鞋对女人的诱惑，但我还是奉劝女人们，那些诱惑是电影的台词和桥段，实在大可不必当真，偶尔为之当作调剂吧。《欲望都市》捧红了莎拉·杰西卡·帕克和 Manolo Blahnik，但我可以肯定，照此复制的话你绝不会红。

当 Kate Moss 身着顶级名牌或者古董晚装时，她也只是脚蹬一双没有任何
装饰的黑色高跟 pumps。

玛亚提示

　　一双黑色 pumps 的百搭秘诀就是中庸，鞋头是不尖不圆的，鞋脸是不短不长不瘦不胖的，鞋跟是不细不粗的，皮质是不软也不硬的，黑色是不亮也不哑的，最好连鞋底都是黑色的！当然，如果你是明星或者你今天要去当明星，就不在此选择之列。唯独高度不能中庸，9 厘米是它该有的高度，中跟的 pumps 会显得太实在了，就失去了一双经典 pumps 的暗地妩媚。

　　之所以不要短脸、小脸的 pumps 是因为那会露出过多的脚趾缝。露两个脚趾缝是极限，露三个就不是 pumps 的语言了，而且露的脚趾缝多会暴露很多不雅，显得不合脚，显得脚面太宽，脚部皮肤最容易在此处褶皱。

　　至于 pumps 的黑色不要太亮，只是指的常态之下的穿着，并非不能穿漆皮和光面皮的。如果你上面穿的是皮草，下面配一双漆皮 pumps 是很搭的；如果你全身穿着低调的吸烟服，脚上一双漆皮 pumps 也是搭调的……当我们全身低调，需要一个高音时，一双闪着黑色亮光的 pumps 是很精彩的！

　　可以说，一双 pumps 真的是你无须多费心思的百搭鞋款，即使配牛仔裤，也能为休闲打扮升级。不过，不要在穿波西米亚长花裙时配 pumps。裙长在小腿肚以上的，都可以用 pumps 搭配。

　　记住 pumps 的款式，然后为自己挑选其他的经典颜色，比如裸色，它是延长腿部视觉效果、集淑女的柔软和摩登的气息于一身的时尚

pumps，不过它不是样样服饰都可以搭配的，要注意协调性。其他的颜色还可以有红色、淡金色、咖啡色、深蓝色。

蝴蝶结是一双 pumps 可以承载的最好的点缀，请尽量远离铆钉、钻饰、玻璃宝石等装饰物。

玛亚的鞋柜

我的黑色猄皮高跟 pumps，只用来搭配裤装，因为它实在是足够高跟，我希望用裤脚遮住一部分跟部，其效果就是我会显得特别挺拔，它的高度不准许我稍有松懈。我穿着极薄的黑色丝袜，黑色长裤，我自己都觉得腿被拉长了好几寸，这种感觉还是很美妙的……

我的压纹黑色 pumps，并非出于虚荣想要穿鳄鱼皮的 pumps，而是一双完全不耍花招的 pumps 还是比较难碰到，好在，它是中跟的，所以没显得多夸张。

黑色菲拉格慕的 pumps，因为它的鞋头有只蝴蝶结，所以我觉得它不是最正宗的 pumps，至少在我心里还不够 pumps，不过也是作为某些场景稍微华丽的表示。

一双黑色高跟的 pumps 和一双契跟的黑色 pumps，因为它们的鞋面设计完全 pumps，这两双的确是百搭的精品，在任何新潮元素和好质地面前一概宠辱不惊地挑大梁。

我保留了一双全新的 pumps，虽然它是用黑色猄皮和黑色牛皮拼接而成的 pumps，但是我还是准备让它留在重要的时刻再上阵。让一双新的 pumps 在鞋柜里待命，保持 pumps 的崭新度也是保持它的魅力的秘诀之一，直到我找到更新更好的 pumps。而猄皮是很适合我的皮革质地，所以我会选择它作为待命的新鞋。

除了黑色的 pumps，其他颜色也会有很好效果的是：红色和金色。当然，这不是供日常穿着的 pumps。

还有两双款式一样、但颜色各为黑与浅卡其色的蝴蝶结 pumps，也是全新的，是为这个夏季预备的。

时尚入场券：Jacket

Jacket

短身的 jacket 适合搭配连身裙，而一件正确的 jacket 几乎什么都可以搭配，只要你始终在腰部制造出一个收紧的支点，jacket 的前襟其实也可以掩饰不那么纤细的腰。

时尚入场券：jacket
Jacket

　　我们通常说的西装、西服，是指 jacket，只是 jacket 的含义比西装要广泛得多，它可以指上衣、外衣、短上装……并不是我们中国人所指的西服而已。西服二字是中国人自己造的，因为它是从西方来的，于是就被称为西装或者西服。jacket 作为动词的含义是指覆盖，把某物加外罩的意思。jacket 可不只是西服，军旅 jacket、英国的 spencer jacket、骑士 jacket、印度的尼赫鲁 jacket……都是 jacket。

　　Jacket 里的人文故事不少，因此，它所带来的性格语言也就非常之多，是气质造型非常骨干的力量。但是，中国的女性对 jacket 可以说十分有偏见，总是认为那是用来上班穿的行政着装，特别喜欢说："我不想要这么正式的衣服。"好像 jacket 是呆板、严肃、工作的代名词，仿佛它只与辛苦工作有关，而跟时尚生活无缘似的。其实，只要看看网

只要看看网络里无数的街拍，就知道 jacket
不仅是时尚世界里非常酷的必备单品，也是
西方社会最为普遍的服饰语言。

络里无数的街拍，就知道 jacket 不仅是时尚世界里非常酷的必备单品，

也是西方社会最为普遍的服饰语言，即使是在集市里卖奶酪的老太太，

也身穿一件 jacket，配着帽子、花裙子……

　　Jacket 是一件很体面的单品，是生活、工作、休闲、时尚活动都会

出席的主角。说它是主角类服饰一点不为过，即使是在休闲生活里，男

士身穿一件灯芯绒 jacket 也会令气质大大加分。而在参与时尚活动时，

jacket 几乎就是圈内语言的代表，是入流的标志，也是非常有"存在感"

的服饰语言："我来了！"有了一件入流的 jacket，就拿到了入场券，

其他的搭配和点缀则是可否拿到好位子的本事了。所以，面对那些拒绝

jacket 的女士，我明白她们的疑惑在于一件灰灰黑黑的"西服"值得自

己所费不菲吗？上面什么装饰都没有！为花哨的细节买单，正是衣橱拥挤却永远少一件的原因。我郑重地告诉各位，时尚走得越快，流行物越多，简单的精品就越可贵。当然，我不能反对你成为一个支持各品牌新品的慈善购物者，只要你有可以不断增大的衣橱和储藏室。

有一位来找我做形象设计的女士，很出色，法语讲得非常好，先生是意大利人。我在给她做形象设计的时候，把她的形象定位在"游走世界"上。我告诉她塑造"游走"的形象一是因为她的婚姻，二是因为她的工作——从事酒店的环境管理。那么，在这个形象里，需要具备的元素有：现代大都会、知性、聪慧、果敢、大气、爱意、美感、浪漫……她非常接受，也非常喜欢。

而在这个形象的设计中，我为她设计的衣橱骨干就是各种语言的jacket，因为这是最国际化的服饰语言。用不同的jacket将她人生中职场和高尚社交这两大块场景支撑了起来……她原本特别喜爱牛仔裤和各种小玩意儿，就是小店里淘来的时髦服饰，而她先生却不太赞赏，尤其是牛仔裤。所以，我将她的所爱转移到职场，因为她的工作需要到处出差，商务旅行和洽谈特别多……所以牛仔裤可以为她打造出有行动力的、有效率的、动态的专业形象，也会让喜欢自由的她在工作时感觉很自在。有了这份自在，各种jacket就可以表达得更加到位。

在做形象设计时，我不全盘否定和刻意改造一个人，因为他们都已经身心成熟了，要他们接受改变需要尊重他们的历史、爱好，并且挖掘出他们想要又不知道如何获得的那一切，最容易被他们接受的就是他们现有的挚爱选择。所以，当她看到我将她所爱的牛仔裤放到了职场中时，她非常开心，我也很欣慰，因为，用几种经典款的、有清洁感的牛仔裤

我设计的 Nehru（尼赫鲁）jacket。

和各种 jacket 搭配是非常国际化的摩登造型，可以说属于新经典。于是，她也接受了我为她在生活场景中做的造型，但其中有一个前提就是：让牛仔裤"退出"爱情生活。

以这位"游走"女士为例，我们来看看 jacket 的经典语言有哪些。

Nehru（尼赫鲁）jacket 我向她推荐此款 jacket 的原因，是由于它具备东方气质，对一位穿梭在欧洲和中国之间的女士，拥有一套 Nehru jacket 是很有必要的，因为它的东方气质可以在工作中为她塑造既有独立尊严又有领袖气质的不凡形象，容易让人印象深刻。Nehru jacket 是印度前总理尼赫鲁先生常穿的款型，是竖领、修身的上装，比中国的中山装更为简约、精练。不仅在 Giorgio Armani 的作品中常常看到，连新锐的 Stella McCartney 也改良了此款经典。这款 jacket 对东方女性来说，有说不出的端庄和让人接受度很好的强势。

Double-breasted（双排扣）jacket　还记得海难片里的老船长吧，穿着双排铜扣的海军蓝 jacket 和白色长裤，显得那么权威。我推荐此款是为了让她会见重要的客户时穿，这样一件 jacket，会让人看到她的果敢和她手中执有的话语权。即使下面是一条牛仔裤，这件 jacket 也象征了她的能力与实力并存。

Peplum（裙摆式褶裥）jacket　在社交活动中，一件用双宫缎（也可用其他华丽面料，丝质居多）剪裁出来的狭腰的 jacket 是最能散发女性气息的款式。有收腰剪裁的 jacket 不止这一款，但是这一款不仅在腰线部位打断，还在腰部缝上了活褶向下展开，由此使得腰部特别紧致。用它来搭配吊带裙、背心裙都是最省心的选择，一件毫不起眼的内裙会因为这款华丽的 jacket 而变得有了身份。

Boyfriend（男朋友风格）jacket & military（军旅风格）jacket　这位"游走"的女士还在高等学府继续进修，所以我为她继续推荐了两款随意、率性的 jacket，前者宽松自如，后者帅气十足，让她在学院氛围里塑造中性形象。中性形象很容易让一个女人在社交场合中广结人缘。Boyfriend jacket 用来搭配牛仔裤，military 则可以用来搭配碎花连身裙，都是很混搭的年轻的形象。

Menswear-tailored（特制男版）jacket　好了，除了上面所说的这些独具特色的 jacket 之外，其实你还需要一件没有那么多人文故事背景的 jacket。它就像你每天都会在男士们身上看见的 jacket 那样寻常，不

我的海军蓝 double-
breasted jacket。

我的混纺 jacket。

经典波点图案，羊蹄袖，收腰短款 jacket 很适合
搭配长裙。

黑色丝绒 jacket。

过，这件 jacket 的经典模样并不那么寻常，它原本很古典，除了左胸有个插袋之外，还有三个有袋盖的口袋，现在一般都省略了，变成了两个……你需要注意的是选择自然肩的，尽管现在流行平肩和耸肩，自然肩会让你穿得久一些。这件 jacket 你可以选择长短各一件，你会发现它很好用，并且使用率非常高。如果你想要百搭一些，选黑色和深灰色吧。

Tuxedo（无尾燕尾）jacket 也许，会有人建议你收藏这一款，无尾燕尾 jacket。但是我实在很犹豫要不要推荐给你。它分为白色、黑色、海军蓝三种，这个我没意见，但是，每当我看见它特别的领部就却步了，它的领部一定是用本色的缎或者色丁（面料名称）做的，使得穿着者有点像侍应生。所以如果你很中意这样的 jacket，请在内搭的选择上用点力度，千万要与侍应生的感觉区别极大才行。我可以不费口舌省略掉这一件 jacket，但是我在此提及它就是为了嘱咐你我前面说的那一句话。

玛亚提示

我的老师 Lily 是美国华人，她听过我关于 jacket 的一堂课，事后她很吃惊地跟我交流，因为她不明白在中国一件 jacket 竟然需要在课堂上苦口婆心地进行教育。她说："玛亚，为什么中国人不要穿 jacket？你知道吗，在美国，人人都有 jacket，只要是 jacket 里面的衣服，我们都会把它叫内搭或者内衣，所以，一定要有 jacket 的！"

我在做设计的过程中才发现，不仅很多人抗拒穿 jacket，而且抗拒正确地穿 jacket。Jacket 最需要留意的是长度！一件正确的好搭配的 jacket，就是能够盖住你的臀部的 jacket。但是更多的女性喜欢穿又小又紧又短的 jacket，原因就是她们觉得这样显得身材好、腿长。唉，难怪中国人会发明"掩耳盗铃"这个词！

我曾经在课堂上问大家："当你穿着又短又小的 jacket 时，你的臀部是不是都露了出来？"大家点头，但是并没有醒悟。我继续问："试想，当你露出臀部时，其实你不是正好告诉所有人你的腿其实只有这么长了吗？"听众都笑了。是的，当你遮住臀部时，没人知道你的腿长在什么位置，而 jacket 的腰部设计则会产生最佳视觉效果，让人知道你的腿很长，因为视觉的支点移到了腰部！短身的 jacket 适合搭配连身裙，而一件正确的 jacket 几乎什么都可以搭配，只要你始终在腰部制造出一个收紧的支点，jacket 的前襟其实也可以掩饰不那么纤细的腰。

给人想象的空间，尤其要善于引导人往最佳效果去想象，这就是一件 jacket 可以做到的。

玛亚的衣橱

我首先声明，我从来没有 tuxedo jacket，因为我实在是有很多办法在晚会中显得很正式。再说我因它犯过错误，曾在晚会中问一位身着 tuxedo 的客人："请问化妆间在哪里？"我把他当成侍应生了。我很少

驼色 jacket。

烟灰色丝绒 jacket。

紫罗兰色丝绒 jacket。

为男士选择 tuxedo jacket。不知道为什么，一个人要是穿了件领部闪着
缎子亮光的 jacket，他的表情就会显得很难与之匹配……

　　我最喜欢的 jacket 是 Nehru jacket 和老船长身上的 double-breasted
jacket，而我比较喜欢的是 menswear-tailored，各种黑色，各种长短，
的确很好用，在冬天我会穿细格纹呢、驼色、咖啡色、深蓝色，在春天
我穿乳白色、灰褐色、卡其色。

　　我发现，当我穿着 double-breasted jacket 时，就一定会有人问我
是不是瘦了？我很少穿紧身线条的衣服，所以我明白 double-breasted
jacket 可以将我的腰身展现得非常好，因为双排扣必须都扣上才好看……
我们每个人都会发现一些款式，可以无端地让自己减磅。当你发现它的

双宫丝水绿色 jacket。

时候，你可以反复穿着这款属于你自己的经典 jacket。我有两件款式一样的 double-breasted jacket，都是海军蓝，不过一件是春夏季的挂里薄料，一件是秋冬季的呢绒料。

我有四件丝绒的 jacket，它们是黑色、烟灰色、芋红色、紫罗兰色。在 jacket 里，我发现这是适合我的 jacket 面料，它使 jacket 显得既郑重又女人，完全摆脱了中国人对 jacket 的职场印象，这实在太重要了。

我还有一长一短两件混纺黑色 jacket，长的让我很潇洒，配阔脚裤或者白色连身裙可以呈现出完全不同的情调；短的让我很简约、知性，搭配裙装后会带出来某种干练的格调。混纺的 jacket 是时代产物，有一种说不出的都市节奏，很白领，只要选对了版型，就非常具有职业女性的做派。

当我有了自己的品牌，重新做服饰设计之后出品的第一件正装，就是 Nehru jacket。好像不用思索，我就决定了要做一款 nehru jacket。我想，这是因为东方情结所致吧，中国女性对于立领总有种难以割舍的情怀，我也不例外……Nehru jacket 是以印度独立之后的第一任总理 nehru（尼赫鲁）的名字命名的，自然这款服装也是由他穿出名的。在 1989 年的苏联纪念邮票上，这款 jacket 和尼赫鲁一起出现过。鉴于他是一位脾气暴躁的男士，我就不多说他了。真可惜，天生无法欣赏脾气暴躁的男士，不过还真是要感谢他对时尚界有过如此贡献。

我在腰部做了一些细碎的抽褶，使它更为女性化一点，然后让两个袖口出现紫色丝绸的翻边，靠近衣摆的最后一粒扣子用同样的紫色丝绸包扣，里布也全部是紫色丝绸。这件 jacket 是较深的雾蓝色天丝料，有点做旧感，不过，不论什么性格的女士，穿上去都很像她自己的东西。

我设计的七分袖贴身 jacket，它精致、贴身，很容易与夏天的半裙搭配，里面可以只穿一件抹胸。

我自己，还像往常一样，穿着这个款式的样衣。我对样衣有种特别的情感，因为那里面有我设计的过程，即使知道它有不少细节还不到位，我也总是满怀感情地穿着它们……当然，只有我自己知道哪里有问题，而我对它的喜爱足以穿出最佳效果，令人无法察觉那只是一件样衣……我一直不是个对穿衣这件事挑剔和狂热的人，我只是想穿得对、为自己自在开心做得体选择。

我有四件丝绸的 jacket，两件黑色，一件深咖啡，一件黑板绿。我喜欢在南方的春天或者漫长的夏季穿它们。我会买码数偏大一号的丝绸 jacket，因为它们实在太容易绷纱了，无法穿得太合身，而且丝绸的特质是飘逸，所以紧身不能表达它。当穿着宽松些的 jacket 时，只要在 jacket 里面制造出紧致的支点，比如腰带，那么就不会有松散的观感了。我最在意的是着装之后的状态，而不是紧抓住体态不放。我喜爱自己穿着松松的丝绸 jacket，手可以插在口袋里说话的感觉，也喜爱不扣扣子的 jacket 前襟飘起来的感觉……那么惬意、自由！

　　我为冬天做过华丽温暖的绒面 jacket，为秋天做过秋意盎然的图案 jacket，为春天做过春水荡漾的双宫丝水绿色 jacket，我感到特别需要关怀的是夏天的 jacket……所以我设计了七分袖的贴身 jacket，它精致、贴身，很容易与夏天的半裙搭配，里面可以只穿一件抹胸。我为它挑选了很多种颜色，可以让女士们自由选择，结果人人都觉得它们很好搭配。我自己去美国学习时，也感到这几件 jacket 是最好用的，无论是上哪位名师的课，都可以让我成为一个信心百倍的好学生；走出课堂，它也会让我总是自在得体……

轻轻松松地高贵：卡丁衫

Cardigan

卡丁衫可以制造的效果分别有：高贵、雅致、端庄、书卷气、儒雅、潇洒、随意、田园、亲切、平和、时尚、低调性感、女人味、斯文男性魅力。

轻轻松松地高贵：卡丁衫
Cardigan

　　啊……我心里真是充满温暖地写下 cardigan（卡丁衫）这几个字，因为这的确是我心之所爱。你会说不就是开襟毛衣吗？对呀，就是它，但是我还是想要你知道它叫作 cardigan。我想，当我们对一件事物知道得越多，我们的表达力就会越加丰富，因为理解会带来彼此的成就，我们和服饰之间的关系也应该如此，不该是互不相知的。当你知道了开襟毛衣的来历和故事，我确信，你在日后的穿着搭配里会注入更为新鲜、准确的灵感，你会因此更有创造力的。

　　就像惠灵顿(wellingtons)雨靴出自 Wellingtons(惠灵顿)公爵那样，cardigan 开襟羊毛衣出自 Cardigan 伯爵。不过，Cardigan 伯爵的名声并不像 Wellingtons 公爵那么有口皆碑。但是，我们还是要谢谢他，这位英国轻骑兵的领袖人物，在英勇的战役中成名，也使得他的镶着金边

如果凯利王妃留下的全部是 suit & dress，
也许我们就看不到她温婉的形象了。

卡丁衫就像一件放松下来的 jacket，在某些应该穿
jacket 的场合，可以用恰当的卡丁衫来替代。这就
是它作为主角出场的时候。

的羊毛大披肩一举成名……一位率军作战的英雄竟然披着华丽披肩，还真是令人刮目相看。可以想象，欧洲的气候在严寒时，那些紧身而又华美的军服是无法御寒的，所以 Cardigan 伯爵就想，是否可以把披肩改成贴身的款式穿在军服里面？这就是卡丁衫的来历！所以，最早的纯正的卡丁衫都会在前襟织进去两条不同于衣服颜色的别色竖条纹边，就是为了纪念 Cardigan 伯爵披肩上的金边。

——不就是一件毛衣么？

——一件毛衣为何这么贵？

这是我常常听到的对于卡丁衫的评价，我在为自己的品牌设计第一件卡丁衫时，才发现一件好品质的卡丁衫来得多么不容易。几厘米、几毫米的改变和调整，带来的效果都是那么不同。比如，国产的许多卡丁衫各个部位的尺寸还是按照跟码数走的方式加减，而实际上，一件漂亮的卡丁衫真的不可以按照这么陈旧的方法设计了。针织和梭织在加减码时要按照各自的材质特点来加减，方法绝对不可以跟梭织一样。如果你试穿的卡丁衫总是袖子够长而腰身又肥了，那么这一定就是按国产老尺寸做的。这样的卡丁衫穿起来的确就是"一件毛衣"。

漂亮的卡丁衫不论尺码是小是大，袖子和衣长都是足够的，袖长可以达到大拇指的第一个关节。符合国际标准的卡丁衫即使是小码，衣长也是可以给穿中码的人穿的，在尺码上，显得十分大气、大方，而大小会在胸围、腰部体现出来，所以，买卡丁衫本身就是一门学问。

如果你的腰纤细美丽，哪怕是中码的身材也完全可以买小码的，你会发现卡丁衫的弹力和伸缩会为你制造出相当迷人的效果。但是，如果洒脱是你最大的魅力，你甚至可以买大码的卡丁衫，穿出一份绝对的随意潇洒……卡丁衫，在不同的款式里，你应该多试试几个码数，往往会有惊人的发现。卡丁衫成为造型好帮手的原因，就是因为它结合了贵族的起源和随意的弹性。

卡丁衫既可以是主角，又可以是配角。但是要善用，不能用错。

卡丁衫可以制造的效果分别有：高贵、雅致、端庄、书卷气、儒雅、潇洒、随意、田园、亲切、平和、时尚、低调性感、女人味、斯文男性魅力。

卡丁衫到底意味着什么？卡丁衫就像一件放松下来的 jacket，在某些应该穿 jacket 的场合，可以用恰当的卡丁衫来替代。这就是它作为主角出场的时候。不过，这里面不包括商务洽谈和有明确制服、正装要求的场合。所以，一般的非保守职业，穿卡丁衫是很实用舒适的，比如老师、设计师、一般文职人员、媒体从业者……

对于全职太太，卡丁衫是可以穿出高贵和端庄女人味的上好单品。我们都看过格蕾丝·凯利的黑白照，有很多就是穿着卡丁衫在公众前露面的，而且，是与著名的凯利包一同搭配出场哦，可见卡丁衫可以演绎出超凡的气度！如果凯利王妃留下的全部是 suit & dress，也许我们就看不到她温婉的形象了。对身居高位的女性来说，卡丁衫可帮助她建立在家庭中的柔软温暖形象，让她显得更为真实可亲。我们在《女王》一片中，也可以看到英国女王在王宫里穿着卡丁衫的装扮，卡丁衫帮助我们体会女王身为一位女性的高贵和无助。

在卡丁衫的世界里，有两款卡丁衫是男女通用的，那就是 boyfriend cardigan、grandpa cardigan，看到名字就知晓它们来自男朋友和祖父的衣橱，区别在于 boyfriend cardigan 是双排扣的超大尺寸

我设计的卡丁衫，也设计出多种不同的穿搭方法。

V 领，有口袋，手肘部位有椭圆形贴片，是周末衣橱里的时尚和潇洒；grandpa cardigan 是青果领，有口袋，它很明确地显示出可以代替一件休闲 jacket 的功用。为什么不呢？领子、口袋一应俱全，它与其他卡丁衫明显不同的就是翻领。

男士的卡丁衫更多地保留了最初的卡丁衫元素，那就是两个口袋。不过，很幸福的是，它们都可以被女士们穿着使用，别有一番风味。我们经常会在街拍或年轻明星身上看到这种穿法。

对于男士，卡丁衫有异曲同工的效应，它帮助男人卸下盔甲，展现柔和、谦逊、儒雅的一面。说到儒雅，我想卡丁衫真的是男女教授、老师的绝佳单品了，只可惜很少见到穿卡丁衫的教授和老师。在《窈窕淑女》中，亨利教授那件米灰色的卡丁衫把他的满腹才华衬托得那么轻松、雅趣，可以说是儒雅形象的经典造型。我个人觉得穿卡丁衫的男士还特别的性感，给人非常温暖、懂得怜香惜玉的观感。

特别适合卡丁衫的还有儿童、少年，穿在身上显得特别贵气。青年人穿卡丁衫要选择时尚些的款式，可以在尺寸上显得夸张和有设计感一些，搭配窄版领带，是青年人穿卡丁衫的亮点之一。我在为一位就读英国的大学女生做形象设计时，就曾经大量使用卡丁衫元素来做造型。用不同的眼镜、吊带裙、靴子、衬衣、围巾……与卡丁衫搭配，呈现出学院风格、轻摇滚、庄园主千金等气质，非常可人。

卡丁衫虽然可以使人显得随意可亲、端丽温婉，但很有趣的是，对于极其强势的女人，一穿上卡丁衫就会即刻显得老了几岁，像打了败仗一样有种塌方的感觉。所以职场上作风强势的女性在选择卡丁衫时一定要慎重，因为卡丁衫的服饰语言本身就是放松、优雅，与强势无缘。

我对卡丁衫最早的记忆来自我的母亲。在我儿时的记忆里，母亲有好几件卡丁衫，我清楚地记得有黑色、驼色、墨绿色，那件黑色的卡丁衫前襟还有菱形的格纹，墨绿色的卡丁衫母亲穿了特别美丽，将她雪白的肌肤衬托得十分纯净。我对卡丁衫和墨绿色的好感，最初就源于此吧，是很美的记忆。我记得母亲去世后的那一个月，我穿起她的黑色卡丁衫，虽然已经不是从前那件了，但是我穿着它不肯脱下，仿佛那样可以留住母亲离去的脚步……母亲身边的女性对母亲永远的称赞，不仅因为她温暖得体的为人，还因为她常年不变的经典穿着。就在写书的此刻，我突然意识到，母亲的穿着从来没有过败笔，东西不多，但是永远都是好品质的经典单品，衬衣、卡丁衫、中长的铅笔裙、法兰绒长裤……她穿过的颜色深深地影响着我，包括我在第一本书中写过的《安娜的黑》也是受她的影响，是她告诉我安娜·卡列尼娜如何用黑色胜过了粉红色……母亲最喜欢的颜色除了黑色还有驼色和墨绿。

玛亚提示

菱形和条纹，是卡丁衫上可以有的图案，所以，不要为了一些花花绿绿的东西买一件卡丁衫，那样穿起来，只会令你像一位阿姨。即使你已经是一位阿姨，我还是不建议你买花花草草的卡丁衫。但是你可以买一件红色的卡丁衫。伦敦红是非常漂亮的，你也可以买酒红色，如果你真的热爱色彩，这是你可以选择的卡丁衫色彩。

我设计的卡丁衫和"合二为一"的穿法。

玛亚的衣橱

灰 色　我的卡丁衫最多的是灰色，有不同款式的中灰色卡丁衫，不仅因为中灰色是卡丁衫本身的经典颜色，还因为它是我的经典灰色。我的灰色卡丁衫可以说是色彩惊涛骇浪里的锚，因为我有时也会用一些花卉图案和亮色来搭配卡丁衫。灰色永远都会处变不惊地压住那些花色，穿出端庄优雅的意味……

另有三件深灰色卡丁衫，一件是翼式袖，很适合搭配连身裙，塑造20世纪四五十年代风格；还有一件是中规中矩的款式，但是在前襟上缀了一些细而稀疏的本色水晶，是耐看的单品，我曾经用它搭配一条褶皱背心裙；第三件深灰色的卡丁衫是无扣、带兜的冬季款，像件大衣般温暖，配上靴子，有种说不出的随意洒脱。

黑 色　当然是卡丁衫里必不可少的颜色，因为这几乎是一个"时尚色"，不论去哪里，带上一件黑色卡丁衫，就能随时保证时尚元素不离身。穿黑色卡丁衫我建议可以不必太合身，这样的搭配性会更高。即使在夏天，卡丁衫也是很好的单品，爱时尚的人一定有体会，夏天的商场比冬天还冷……有位客人告诉我，她带上我设计出品的黑色卡丁衫，发现特别好用，而且穿在身上不会有让人燥热的感觉。所以，选择卡丁衫时，要试穿体会一下。好品质的卡丁衫真是舒适度很高的。

我还有一件很宝贝的黑色透明卡丁衫，是圆领的经典卡丁衫款，所有细节都是卡丁衫的，只是用了化纤的材质，薄如欧根纱，却更有雕塑感，因为稍微有点硬挺，保证了与身体的一定距离。特别适合搭配无领无袖的连身裙和背心式连身裙，搭配小黑裙也是特别雅致。我真后悔没有买两件，这样的卡丁衫真是夏日佳品。

最后，我还要介绍一件超长的卡丁衫，它的长度及足踝，不过领口、袖子、扣子全是卡丁衫的设计。这么长的卡丁衫，给人十足的浪漫气息，我喜欢用它来搭配一条同样长度的黑色背心裙，再配上长长的仿珍珠链，是参加突来的晚宴的好扮相。有一次，我从香港工作回来，还在路上我就想好要这样穿，回家换上黑色长背心裙和这件超长的卡丁衫，戴上珠链，总共用了三分钟就换装成功，令人满意地出现。

灰褐色 也是我的"高分"色，我在这个颜色里选择的是长款的卡丁衫，在臀位之下，搭配衬衫裙、半裙的效果是很时尚而又随意。

驼色和墨绿色 我选择正常款式，因为这刚好也是卡丁衫的经典色彩，我会精心搭配衬衣和半裙。格子衬衣、牛津衬衣都是这两个颜色的最好搭备，很容易制造出英伦风情。每次穿上墨绿色，我都会想起母亲的美丽。

咖啡色 咖啡色是我穿得很漂亮的颜色，这种色彩有稍微膨胀的感觉，所以我选择小码，当成贴身穿的紧身造型来用，加上一根宽宽的咖啡色软牛皮带，配上一条长长的圆裙，有种素朴中的精致。还有一件是中长的，长度快要到膝盖了，无领无扣无兜，它真是秋天上好的外衫，里面加一件衬衣，配条摆裙，在沉静的日子，实在是很法式的怀旧打扮。

V 领的黑色透明卡丁衫是经典卡丁衫款，所有细节都是
卡丁衫的，但在材质上非常突破。

驼色也是卡丁衫的经典颜色。

白色和翠绿色 白色的卡丁衫我选择前襟有竖纹镶边的，算是正宗卡丁衫，但是很少穿，因为两条镶边的缘故它显得挺正式的。翠绿色，我还没有穿过，想着在五月去巴黎时穿吧。在一个雨天，穿一条卡其布的半裙，或者白色的半裙，那么最好有一把鲜红的雨伞……美好的衣服会为我带来美好的梦想，而且都会梦想成真。

其实，我还有两件品质很好的鲜艳的卡丁衫，不过极少出场，一件是鹅黄，另一件是天蓝，色彩很纯正，只是很难遇到合适的心情和场合，这不算明智的投资，但是它们的美丽也常派上用场，就是公司的姑娘们穿过，穿着它们做活动、做节目……它们已经变成我低碳衣橱里的经典单品。所谓低碳衣橱，就是永不过时的公共衣橱，姑娘们常常在里面淘衣服穿，但是每次只能穿，不能要，因为下次可以轮到别人再穿。

能文能武的：摆裙

Full Skirt

如果你拥有一条摆裙，它是黑白灰，或是优雅的中性色，你会发现，你衣橱中的不少上衣可以起死回生，被盘活了。请记住，这是因为摆裙是衣橱的主干投资之一。

能文能武的：摆裙
Full Skirt

　　半裙的经典很多，铅笔裙、A字裙、蛋糕裙、百褶裙……但是它们都比不上一条摆裙的实用、优雅、百搭、能文能武！

　　摆裙也叫圆裙，是宽下摆半裙的一种统称，因为下摆宽阔舒适带来走路时来回摆动的动感，为了达到下摆的宽阔，会使用打褶、拼接、圆裁等手法。

　　摆裙的实用，来自它能配合女人的各种情绪。它是开心时刻旋转就怒放的灿烂，真正的女人都热爱转动裙摆，看裙摆在笑声里花开花落……我见过无数女性得到一条美丽的摆裙时，旋转身体的欢乐模样，让裙摆飘荡起来是女人一生爱做的动作，不是吗？摆裙还是沉思时的陪伴者，我们不能期望一个身穿铅笔裙的女人在沉思中漫步，铅笔裙似乎要配合有效率的、利落的姿态和步伐才好看。所以摆裙还适合恋爱中的女人，

摆裙既有女孩的纯真气质，又有女人的
成熟魅力，是充满了女性韵致的半裙。

女人起伏的情绪，时喜时忧的节奏，摆裙都能配合，同时因为它常常使女人处于端丽之中，是男士们十分钟爱的款式，他们喜欢裙裾在自己身旁飘动的感觉。

摆裙的优雅，是因为经典的摆裙一定是会过膝的，让女性穿着时步履自在，飘逸而又端庄。在站立静止时，摆裙的轮廓是 A 字形的，但是又比 A 字裙显得更为柔软丰满。它既有女孩的纯真气质，又有女人的成熟魅力，是充满了女性韵致的半裙，同时，也是各年龄层次的女性都能穿着的半裙。我们在《罗马假日》里看到的奥黛丽·赫本的经典形象就是由一条摆裙和一件简单的白衬衣组合而成。摆裙的优雅来自它和身体之间有距离的剪裁，它不会紧贴紧包住身体以展示曲线，这种离体感给女人很好的自由去表达步态动感，也体现了含蓄和修养，并且给予人更多想象空间。我再次提醒：不要忘记，给人想象空间的大小与自身魅力是成正比的！

摆裙的百搭在于它四季皆宜。春天的摆裙可以让人体会到轻盈和昂扬，这时最适合的摆裙材质是混纺料，能够抵御乍暖还寒，又能宣告温暖的来临……夏天的摆裙简直美妙无比，最好就是穿着层层叠叠的薄纱或者丝质的长摆裙，如果上面搭配收身、好质地的 T 恤，会有芭蕾舞者的曼妙与脱俗，或者在旅途中搭配吊带背心（最好两件叠穿），非常清新脱俗。之所以建议在旅途中穿，是因为在陌生美丽的环境里你不会因为裸露出双肩而害羞，穿得阳光才好看……

秋天的摆裙则继续飘逸的理由，虽然渐渐天寒，可是摆裙却依旧保持活泼的生命力与风采，而且是大玩季节混搭游戏的时候——夏天的摆裙、秋天的毛衣与靴子搭配在一起多么别致，或者秋衣秋裙与夏季的鞋

《罗马假日》里，奥黛丽·赫本的经典形象就是由一条摆裙和一件简单的白衬衣组合而成。

层层叠叠的薄纱或者丝质的长摆裙，如果上面搭配
收身、好质地的T恤，会有芭蕾舞者的曼妙与脱俗。

履搭配颇有情调……冬天！啊，冬天怎么可能没有摆裙呢？不管多么严寒，摆裙都能保持美丽动人的风度，在一条摆裙里，你到底穿了多厚的裤袜也无人看得出来，摆裙与靴子的轻微摩擦显得那么曼妙，冬天里的摆裙特别能够显示女性的情怀。

至于摆裙的能文能武，我想你一定明白，就是既能在职场上亮相，也能在柔美的休闲生活中挑大梁。用摆裙搭配办公室 jacket，可以让你整天处于舒适之中，精神也不会像穿了铅笔裙那么紧张。而且它能让你保持女人的风度和亲和力，只要不是去谈判签合约，你完全可以每天用净色和职场专用色的摆裙与各种严肃的 jacket 搭配。

我在做自己的品牌之后，与尼赫鲁 jacket 搭配的就是一条同色的摆裙。当时很多买了尼赫鲁 jacket 的女士都没有同时买摆裙，可是后来她们都回来把摆裙买了去。因为她们发现，使得尼赫鲁 jacket 最漂亮的真的就是摆裙，它的柔软、端庄和自在把尼赫鲁 jacket 衬托得十分挺拔、庄重、帅气，她们回家之后怎么配都发现没有摆裙的搭配效果好。后来她们还发现，那条摆裙可以搭配很多自己原来的上装。就连很多爱穿花裙子和亮色服饰的女士都来买我设计的摆裙，理由与上面一样，发现它太好搭了。其实好搭配只是表面现象，摆裙的好处还在于上面那几个原因。

我认识一位英文老师叫玛利亚，是个骨子里很浪漫的女士。她很认真地告诉我："你知道吗？我把这条裙子从夏天穿到冬天，怎么这么好穿呢！我现在知道什么叫经典了。"我笑了，深圳这样的气候，一条厚丝质的摆裙真的可以四季都穿。玛利亚不仅是摆裙的热爱者，还成为我们衬衫裙的热爱者。她说不仅她的丈夫喜欢看她穿，在学校里也越来

长至足踝的丝质摆裙。

多人对她说："玛利亚，你好美呀！"她每次都很坚定地回答："噢，是的！"我听到实在开怀。我喜欢看到女人美丽，喜欢她们得到赞赏。当经典纯正的品位出现在女人身上时，得到的不仅仅是漂亮，而是感动！因为赞美都来自感动！

玛亚提示

如果你拥有一条摆裙，它是黑白灰，或是优雅的中性色，你会发现，你衣橱中的不少上衣可以起死回生，被盘活了。请记住，这是因为摆裙是衣橱的主干投资之一。

下半身穿什么，决定了我们的行动力。摆裙能够适应不同的行动方式，可谓能动能静。当你坐下来，摆裙不仅会为你制造一个优美的坐姿（想想裙裾飘洒下来的线条吧），而且让你坐得不累。我见过不少穿短裙的女士，落座之后，不停地调整姿势，两腿一会儿往左边放放，一会儿又往右边放放……再拉一拉、扯一扯弹力的裙摆（哪有摆啊，可怜的裙子），因为裙子在坐下之后会更加短，她们害怕走光，我看着都替她们累。穿着要是少了一份自在，优雅何来？这就是一条摆裙的优美，不用你为它担惊受怕。

即使是在保守、严肃的职场，只要你选择的是同样保守肃静的颜色，摆裙仍旧会让你在工作中既能保持女性化又能行动自如。

玛亚的衣橱

摆裙是我的最佳裙型，也是我的气质裙型。

我几乎没有不穿裙子的日子，一年中百分之九十九的时间我都会穿裙子。即使是欧洲寒冷的冬天，我也是只带裙子去。有一次去香港工作，我被身边的设计师怂恿着，贪玩买了一条骑士裤配靴子，次日见到来导购的客人，她大大地吃惊，说："啊！我终于看到你穿裤子的模样了。"把我自己也吓了一跳，我竟然没穿裙子。那条可怜的长裤就露了一次面，若不是写书，我已经忘记它了。

我的衣橱里的半裙百分之五十都是中长的摆裙（膝下 10 厘米或者小腿最丰满处），剩下的是更长的半裙（到足踝或者小腿最纤细处），有百分之十是铅笔裙。我的半裙虽然很多，但是一点都不会让人觉得腻烦。你想想啊，世界上有多少材质、面料、图案、颜色，又有多少不同的工艺制作方法……所以虽然都是摆裙，但是却非常丰富多彩。这其实也是经典单品最吸引我的地方，还是那句话——以不变应万变。每当我出品了一条极好的半裙，我已经在设计下一个作品了，半裙永远不嫌多。

黑色摆裙 是摆裙中必不可少的。膝下 10 厘米长度将非常好搭配 jacket。也有华丽面料的黑色，摆裙也更长一些。另外有透明感的黑色摆裙就是长至足踝的了。

深蓝色、深灰色摆裙 是非常有气质的单品，羊毛料和混纺的，

浅灰到深灰色渐变的欧根纱长摆裙。

黑色摆裙是必不可少的。膝下 10 厘米
长度将非常好搭配 jacket。

深蓝色的是丝绸中长摆裙。它们都是搭配卡丁衫、衬衣的好伴侣。配上靴子穿丝质的摆裙会显得十分率真、雅致。

花色图案摆裙　我选择的都是经典图案和怀旧色彩、复古花纹，它们都是让一条花色摆裙经久不败的原因。因为花色更容易被人记住，所以无论是设计师还是穿着者，在选择花色图案时都要有诀窍和眼力。我从来不接受面料商向我推荐的"这个今年卖得很好哦"之类的面料。

四季代表色摆裙　既然是四季穿裙，我的摆裙就有特别能代表四季色彩的，比如夏天的白色摆裙、春天的卡其色风衣款摆裙、秋天的大地色系格子摆裙。

有一条从浅灰到深灰色渐变的欧根纱长摆裙，是我自己的产品，虽然十分具晚会气质，但是搭配一件在德国买的中灰色T恤，仍显得年轻、别致。

由于长期穿摆裙，我发现自己对事物一直保持着深沉的感性和敏锐的感觉，我不晓得到底是很多感动使得我从小就爱摆裙呢，还是很多感动为我持守住了摆裙……总之，摆裙对我的精神气质有着无形的影响。我很想呼吁那些喜欢穿牛仔裤、短裙的女孩尝试一下穿摆裙时的心情和感受，她们一定能发现另外一个自我……

衣橱大手笔：大衣

大衣带给人的洗练，是间接明朗而又有分量的。大衣的风韵也是男女老幼皆宜的，它的气质来自它的轮廓产生的"大印象"——整体和谐感、大气、豪迈、潇洒、庄重、品质、风度翩翩！

衣橱大手笔：大衣
Coat

　　以上的经典，已经可以轻易地将春夏秋三季都涵括在内了，你只需要自己更新厚薄、色彩。所以，当冬天到来的时候，一个穿着精致的女人只需要在秋装外面加上一件经典的大衣就行了。

　　大衣带给人的洗练，是间接明朗而又有分量的。大衣的风韵也是男女老幼皆宜的，它的气质来自它的轮廓产生的"大印象"——整体和谐感、大气、豪迈、潇洒、庄重、品质、风度翩翩！穿着大衣的行走者，总是令人忍不住多看几眼——当然，不是随便一件大衣就能有这样吸引人的效果的。冬装的价值原本就比其他几个季节要高，大衣更是如此，所以我们对大衣就更加需要作正确的选择。

　　要打造都市时尚感，在冬季，没有大衣是缺乏冬季衣橱主干的现象。时尚形象肯定与臃肿无缘，所以，在时尚造型的外层，一定要有一件大衣来终结，或者，完美的大衣本身就是冬季的时尚造型。选择经典大衣，

要打造都市时尚感，在冬季，没有大衣是缺乏冬季衣橱主干的现象。完美的大衣本身就是冬季的时尚造型。

可以从不同的角度来考量。根据各人不同的出发点和不同的价值观，我们可以从上乘质地、经典颜色、经典款式三个角度来考量。

质 地

拥有老派服饰价值观的人是喜欢为质地买单的，那么很好，材质确实是大衣经典的表现力之一，尤其对于成熟的女性和需要表达身份感、价值感的造型来说，大衣的质地绝对是一个选择标准。羊绒、驼绒、驼绒加羊毛都是上乘之选。有了这样的好材质，质地的华美就已经是无声的经典了。一般有这样好质地的大衣，款式都会是简单大方的，不会有过多的流行元素在内。因为质地决定了高价位，很少有人会用高价位去买一件不知会流行多久，或者很显然明年就要过时的服饰。

但是，也不要因为好质地就选择一件看起来实在老气、版型也很没气质的驼绒大衣吧。如果是那样，你恐怕需要等到足够老才能显得时尚。这样的大衣最重要的是款式简单、够长（以你的身高来说至少要过膝）、版型优雅。好质地的大衣版型需要你认真试穿，穿在身上的时候，你会发现自己不太满意的身体部位不显了，大衣使你看起来年轻、富有、高雅——脱俗的版型真的可以在一个最简单的款式里将这些气质浮现出来。这一点，在买国产品牌时尤其需要注意。

颜 色

颜色是考量经典大衣的要点，上面所说的驼绒、羊绒大衣，颜色一般都是黑色、藏青色。也许考虑到价值高，商家往往选择深色的经典色，因为它更加经久耐脏。所以，黑色、藏青色显然都是大衣的经典颜色。

不过别忘了，还有驼色、灰色。驼色的大衣，尤其适合长款，实在是非常高贵、清洁、优雅的大衣颜色。欧洲冬天的街头，那些穿着驼色长大衣的老妇人，同时还会搭配丝袜和半高跟鞋，简直是冬天里极致的风雅和文明。驼色的雅致还在于，它以温和的色彩语言为冬日的沉重、沉闷、寒冷带来了轻盈、清新和淡金色的明媚。

灰色，呵……我从少女时代就钟爱的颜色，我对它充满了信任的颜色！灰色的大衣，比黑色、深蓝色更多一份含蓄和融合。虽然黑色和藏青色、深蓝色比灰色更深，但是灰色会在深色里显得更为包容，中灰和深灰都是大衣的好选择。

红色、卡其色、白色也是大衣的经典色彩，其中卡其色比较常见，通常出现在长风衣款里。白色和红色则是明星所爱。

格纹和豹纹是大衣上会出现的经典图案。通常格纹会出现在披风款里，豹纹则出现在明星的晚装造型外……

款 式

经典大衣的款式可以说决定了这件大衣能够穿多久。经典颜色＋经典质地＋经典款式，一定会是10年以上的时间。当然，要保养得当。

长度，是决定经典大衣的一个要素。大衣一定要够长。你会发现长度会成为你在任何年龄段的一个穿着保障。大衣的长度最好在小腿最粗处。如果你很高，那么到足踝的大衣会让你像"somebody（一个人物）"；如果你不够高，至少也要过膝。长度才让大衣有气势。

所有的经典款大衣，款式都不会复杂。

包裹式大衣（wrap coat）：内纽，有腰带，大驳领，插袋。实用优雅款。

茧形大衣（cocoon coat）：很优雅简约，纤长高挑的身段、头小、脖长特别适合体现这种优雅。或者，老妇人也比较合适这类大衣，因为老妇人的体形往往类似茧形。

翻领大衣（chesterfield coat）：没有腰带，明扣，略微收腰，贴袋。看不出年代的大众款，只要版型好。

牛角套索扣大衣（toggle coat）：很欧式田园的款式，带兜帽，带盖贴袋，有格纹、墨绿、红色、海军蓝多种经典选择，是旅行用的大衣好款式。

迷人的大衣（the glamorous coat）：无领，暗扣，有时有拉链、插袋，版型极简，适合增加添加物，很女性化的款式，是搭配围巾、皮草、项链的好基础。

水手厚呢短大衣（peacoat）和手镯袖管大衣（bracelet-sleeve coat）：这两款大衣是为不喜欢长款大衣的人推荐的经典短款。两者都是双排扣，不同的是，前者是酷感的，后者是甜美的，版型是高腰剪裁，有时腰间还有蝴蝶结，七分袖，Burberry 的风衣里也有此款。

风衣（trench coat）：卡其色。看看 Burberry 的广告就明白了，不过不能看现在的广告。

披风（cape）：越长越气派，是我母亲最喜欢的款式。具有文学气质和浪漫情怀，也有点忧郁。最好是清雅的素色，卡其色也是不错选择，驼色、藏青色会很贵族，黑色的话很哥特风格，同时也加重了忧郁气质。

天丝轻柔面料的披风具有文学
气质和浪漫情怀。

包裹式大衣,内纽,有腰带,大驳领,
插袋,实用优雅的款式。

玛亚的衣橱

　　尽管我如今生活在深圳，却还是改不了喜欢大衣的旧习。我特别记得小时候，母亲在江南湿冷的冬季，和父亲一起穿着大衣的样子，而且其中一定有两件大衣，是他们平时很少穿，留着在春节穿的，那是质地更为精良的两件大衣……如今，我总是盼望始终如秋的冬天再冷一点。因为在穿大衣的天气里我会觉得特别的清新、开心。深呼吸一口寒凉的空气，双手插入大衣的口袋，一天的心情都很美丽。

　　包裹式大衣（wrap coat） 羊绒大衣，黑色的，是父亲送的生日礼物。我要谢谢他和母亲，从小到如今，他们特别重视给我的各种礼物，从来没有哪个生日不给我礼物，而且在很多个生日礼物里，他们培养了我的眼光与品位。我记得在我的最后一个儿童节那天，他们告诉我他们决定送我一把瑞士军刀，是很不容易找来的，而且告诉我童子军的故事。我还记得我 18 岁的生日礼物是一瓶从法国买回来的香水……母亲去世的那年，父亲带着我，在我生日的时候坚持要送两份礼物给我，表示母亲走了，但是爱不会少……那一年，他送我一块手表、一枚戒指，都是让我自己选择。最近几年，父亲不怎么带我上街去买了，大概他觉得外面越来越时尚，他找不到感觉了，于是他会在我生日时给我非常足够的现金，让我自己去买礼物。在他们的心里，花重金买下有价值的东西才值得。这件黑色羊绒大衣就是去年父亲送的生日礼物，我在香港早就看中了。双面羊绒，手感好得让我陶醉，更让我感到幸福的就是父母对我一直的深爱就如大衣一样永远都是大手笔，毫不吝啬……虽然母亲不在了，但是父亲送礼物却一直延续着母亲的风格。

黑色的羊绒大衣，是父亲送给我的生日礼物。

迷人的大衣（the glamorous coat） 一件驼色羊绒大衣，长及足踝，有暗扣。需要穿跟高一些的靴子，否则无法使它飘逸起来，毕竟，它是有重量的。

一件中灰色羊毛大衣，膝下 10 厘米，竟然是七分袖，酷！原本有暗扣，被我拆掉了，我觉得七分袖的大衣不扣扣子更自由，有一种高雅的随性和不在乎。它宽松的 H 轮廓，使我常常将两襟交叠在胸前，情不自禁地陷入沉思，它是我在工作状态中穿着最舒服的大衣。

牛角套索扣大衣（toggle coat） 浅灰色羊毛大衣，虽然是灰色，穿起来却有种文静的恬美，是牛角扣和兜帽的作用。现在已经不怎么穿它，在周末的时候穿得多，它使我回到完全的生活当中。在海边温暖的阳光里，我曾经穿着它看儿子受洗；在超市的冷冻柜旁，丈夫会把兜帽给我戴上，说："你离远点，这里很冷。" Toggle coat，总是给人田园、安全、美

中灰色羊毛大衣，膝下 10 厘米，七分袖，宽松的 H 轮廓，是我在工作状态中穿着最舒服的大衣。

翻领大衣, 没有腰带,
明扣, 略微收腰。看
不出年代的大众款,
只要版型好。

厚呢大衣，深灰色羊毛，软呢的，双排扣。

深灰色，可双面穿的短大衣，里面是褐色羊绒的，有种说不出的闲适和从容。

满的感觉。它虽经年，但是我仍旧爱它，在它的渐渐陈旧里，体会着我越来越平安幸福的人生。

披风（cape）　墨绿色格纹的，很少穿，如果再长一些可能使用率会更高，不过，就是喜欢它的颜色和有点粗糙的质感。也许，留着给女儿。

翻领大衣（chesterfield coat）　一件驼色羊毛，驳领，长及足踝。一件藏青色，羊绒＋羊毛，青果领，长及足踝，是我的至爱，穿了 15 年，去年在欧洲一直穿着它，仍旧被人询问多次"哪个品牌的"，现在决定让它退休了，因为里料在大衣后摆开衩处终于有些撕裂了。于是，我添加了一件羊绒的深灰色长大衣，双排扣，同色腰带。

水手厚呢短大衣（peacoat）　深灰色羊毛，软呢的，双排扣，配马丁靴特别好，动感强。

风衣（trench coat）　一件卡其色中长风衣，长度在小腿最粗处。一件红色风衣，长度在膝下 10 厘米。一件黑色羊皮风衣。一件苔绿色皮风衣。

衣橱珠宝：丝巾

Silk Scarf

丝巾不仅带来身体上的安适，还有穿着上的安全，你不必担心它会给你带来什么麻烦，它实用并且浪漫，如果你希望自己显得既优雅、富有而又随意，丝巾真是好道具。

衣橱珠宝：丝巾
Silk Scarf

　　丝巾的质感、色泽、故事和富于变化使得它成为衣橱里的珠宝，然而，这珠宝却更为飘逸、别致、聪慧、情趣横生。

　　回望一下优雅老去的美人，她们美丽的脖子上绝不曾少过丝巾的缠绵……

　　有次我为儿子系上围巾，他说了一句让我颇感意外的话："妈妈，戴围巾好有安全感哟。"是呀，当丝巾缠绕在我们的脖颈间时，它对颈项间的呵护，那感觉的确是温暖而又安全的。它不仅带来身体上的安适，还有穿着上的安全，你不必担心丝巾会给你带来什么麻烦，它实用并且浪漫，如果你希望自己显得既优雅、富有而又随意，丝巾真是好道具。

　　我的品位课堂里有一堂课特别受女性喜爱，就是丝巾课，在那里我会讲述各种丝巾的来历和文化背景，同时也演示各类丝巾的系法，包括

回望一下优雅老去的美人，她们美丽
的脖子上绝不曾少过丝巾的缠绵……

我自己原创的很多方法……自然，少不了爱马仕，因为它是丝巾里的故事大王。然而，什么故事也比不上丝巾里面蕴含的你自己的故事，所以，你的宝贝丝巾其实也是伴随你人生的美丽见证。

讲到爱马仕，就会讲到英国女王伊丽莎白二世，因为全世界都知道"女王不戴王冠时戴爱马仕丝巾"。我在丝巾课里会讲到的则是电影《女王》中五条丝巾的精彩演出，当然，不能少了海伦·米伦。我很敬佩这部电影的服装设计与指导对这五条丝巾的选择，与剧情、场景、自然气候和人文气候都配合得天衣无缝。我相信这是有意为之的，其用心看似随意实则功底颇深。为了研究这几条丝巾，我看了四遍《女王》。我在课堂上讲解这五条丝巾的用法和出现的顺序，其实是想让大家领会妙用丝巾的智慧——拥有这智慧比拥有爱马仕更重要。

第一条丝巾的出场：是苦艾叶绿的，对这个颜色的选择真是平凡中见功底。绿色中有那么多的华丽富贵选择，但是电影的着装指导却作了一个最符合剧情和女王心情的选择……其时，是戴安娜王妃在巴黎刚刚出车祸之后，女王只是想恪守王室有史以来的传统对待此事，但是英国民众却发出对女王冷淡态度的不满。女王的丝巾在电影中第一次出现的时候，查尔斯王子本来是与女王同车而行，在他们私人的森林里，可惜话不投机，女王便下车独自回宫。这时，一个俯拍的拉长镜头，让我们看到头戴苦艾叶绿丝巾的女王很快被周围的环境淹没了，女王的苦艾绿丝巾迅速地被森林绿消化了，这暗示着女王也有芸芸众生的平凡苦恼，家事就是国事，家家有本难念的经。

第二条丝巾的出场：深咖啡色，一条想要逃遁的丝巾，被女王系在

第一条丝巾的出场：是苦艾叶绿的，对
这个颜色的选择真是平凡中见功底。

第四条丝巾的出场：一条以白色为主、四边为蓝色的丝巾，"一语"道破女王的决策——妥协。

第五条丝巾的出场：有一种很静、很大的张力从女王头上猩红色的丝巾里释放出来……

脖子上。女王身上穿的也是同色系的咖啡色和大地色，像个老祖母似的，穿着咖啡色棉背心。随着剧情的发展，女王被公众议论纷纷，她和菲利普亲王一起，带着两个小王子回避到乡间休憩。在泥土、森林里隐蔽着的女王，像野战军穿迷彩服一样，系了与脚下土地颜色一致的丝巾，深深反映了女王想要逃避的心理和痛苦，不想卷入她自认不应该露面的热点之中。那条丝巾是苦涩的象征，正如它的颜色散发的苦味。

第三条丝巾的出场：红色、皇家蓝、金色华丽相间的丝巾，充分表达了女王的身份地位，但是女王却十分讽刺地用这条丝巾擦眼泪……这是多么华丽的哀伤啊，通过这个普通的动作让人看到尊贵的丝巾也不过是女王的一条小手帕，既衬托了女王的尊贵，也表现了它对于女王不过是平常之物，同时我们也看到尊贵如斯的女王也有常人的烦恼、内心的苦涩和悲伤。寓意深刻的是，一只美丽强壮的驯鹿跑进了此景中，后面追杀它的是女王的邻居，某伯爵家的一群狩猎者……女王停止了哭泣，挥着手中的丝巾，示意那只驯鹿赶快逃跑。驯鹿和女王对望了一下，跑了，女王满意地笑了……她多么希望英国民众不要追逼她，非要她表态呀，她不过是按照自古以来的传统处理罢了。她对驯鹿的同情何尝不是她渴望得到的理解——他们都处在被追杀中。

第四条丝巾的出场：丝巾到此刻，表达得越来越精彩。这是一条以白色为主、四边为蓝色的丝巾。这条丝巾真是一件无言的道具，"一语"道破女王的决策——妥协。我们都知道白旗就是战场上的妥协，女王在这场戏里，无奈困惑到极点……最后选择妥协。这条丝巾可以说在天时地利人和上表达得淋漓尽致，无论是与环境还是与剧情都做到合一了。丝巾出场时，女王正戴着它和自己的母亲在花园里散步，蓝天白云，跟丝巾原本是绝配，但随之而来的是首相的电话，他打破了丝巾和风和日丽情景的和谐。当女王走进室内接听电话之后，她得到的信息是她到了必须妥协的时候了……她是那么无助，放下电话，她去敲响了母亲的门："妈咪……"那一刻，她就像一个孩子一样需要依靠，只能妥协……无奈的白丝巾！

第五条丝巾的出场：猩红色的丝巾底色之上，有野鸭的图案。鸭是英国人喜欢的动物和图案，女王把它叠成三角形系上头了，这是她的招牌系法。红色既是贵族和富人的颜色，也是革命和牺牲的颜色，透过这条丝巾仿佛看到女王在妥协之后，时代对英国王室进行了一场不流血的革命，而女王的心里仿佛流血一般的疼痛……同时也是再次对环境和剧情的呼应。因为女王戴着这条丝巾去看被邻居猎杀的驯鹿，驯鹿完美的头颅被割下摆在桌上，身体倒挂着，还在滴血……女王触景生情地站在那里观看沉思……它终于被捉住了，就像她自己，终于没能逃过民众的压力和逼迫……他们都做出了牺牲，驯鹿牺牲了生命，女王牺牲了她恪守的时代。猩红色的丝巾，仿佛昭示着这场牺牲。这是全剧最震撼的一幕，有一种很静、很大的张力从女王头上猩红色的丝巾里释放出来……至此，我对于服饰能表达人的情感、思想再也不会有怀疑。

玛亚提示

我们收藏丝巾，不妨模仿一下女王，根据自己不同的生活场景的需要来配备不同语言的丝巾。不同的丝巾语言是由不同的色彩、不同的图案、不同的大小组合而成，根据每个人"角色扮演"的需要来使用。

职场女性，最好考虑自己的职业环境，如果是严谨保守的职业环境，那么就选择黑白图案，或者深蓝与白色相间这类不给自己的职业形象带来误会的丝巾，不要太过花哨的图案，这样会显得你更有效率。教师适合有人文气息、斯文雅致的图案，淡雅色调最妥当……从事金融类职业的，虽可以华丽一些，但是要注意自己的职位，如果你的上司都没有系爱马仕的话，你最好别张扬。

最佳尺寸

丝巾按尺寸可分为小方巾（38 厘米 ×38 厘米至 70 厘米 ×70 厘米不等），大方巾（90 厘米 ×90 厘米至 150 厘米 ×150 厘米不等），还有长方巾（长 150 ~ 180 厘米，宽 35 ~ 70 厘米等长度）。我相信这三类最常见的尺寸是大多数女性都能使用的，但是这其中一定有自己最爱的尺寸，能够与自己的颈、脸形达到最大的和谐，这只有通过尝试去获得。选择丝巾一定要学会多尝试，尝试越多，收获的巧思就越多。

最佳亮色

在测色的时候，我会记下最适合被设计者的色彩是哪几种，在购买丝巾的时候，这是一个可以考虑的角度。因为饱满鲜亮奇异的颜色若不适合大面积使用，那么就可以用在点缀色里，把它们放进丝巾中考量是最恰当的。如果一条丝巾的图案中有你可以使用的亮色，那么在使用时，可以特地把那块颜色叠出来，系在可以展现的位置，精彩之处就这么"随意"地系出来了。

最佳图案

根据每个人不同的气质，可以选择最适合自己、自己也很喜欢的图案。经典的图案有马具、花卉、动物、佩兹利花纹、波点、条纹与几何色块等。在爱马仕的丝巾里，很多图案是一整幅画，或是人物故事，或是历史场景，或是风景……遇到这样的"画面"，一定要把它叠起来系在脖子上试试，与自己的形象相加是否能产生好的效果？我尝试过，也看过不少爱马仕丝巾，虽然画面动人，但是系在脖子上之后因画面被叠得支离破碎而颜色混杂，所以效果并不动人。当然，如果你就是想收藏那个画面就另当别论。很多爱马仕镶嵌在玻璃相框里会比系在脖子上更美丽。所以，为了形象买丝巾，一定不要看丝巾摊开来的画面效果，要仔细琢磨它们在脖子上的效果，这毕竟不是买画。

最佳纪念

一般都会是礼物。这是最适合戴上与赠予者见面的丝巾，属于情感丝巾。打算送你丝巾的人都有一颗很了解你的心和好眼光（如果你平时总是穿得对，那么他人是很容易找到与你相称的礼物的）。我整理衣橱时见过很多"情感丝巾"，不是丈夫赠送的，就是女儿赠送的，有些虽然不适合，我也还是为客户保留了下来，因为情感更可贵。但是我会把丝巾分成几类，把那些不恰当的纪念品与真正适合的丝巾分类放置。我相信聪明的女人知道什么时候、怎样去使用那些"情感丝巾"。

爱好选择

根据自己的特殊爱好，比如特别喜欢某种动物、某种花卉的图案而专门收集的丝巾。在这里最要留意的是豹纹。豹纹是很多女士的所爱。豹纹的使用要高贵，点到为止，否则只是流于野性和性感的话，很容易让人起腻。它属于不够含蓄的图案，所以一定要用含蓄的方式表达。我自己有一条豹纹的超大方巾，但是颜色却是灰色与淡卡其色相间的，像一只很文静的豹子，很淡雅。虽然如此，我一年也难得用一次，因为我并不适合野性元素，也不须添加性感元素，所以这条豹纹丝巾更多是在品位课堂里的丝巾课上当成教具。我是在二十多岁时收藏的这条豹纹丝巾，质量太好了，到现在还像全新的。我想，这就是并非真爱的收藏品吧，当时只是觉得它是经典图案之一，并且是我喜欢的颜色，就收藏了。

以上所说的收藏方式都需要考虑适合自己的颜色和适合自己的穿着风格。如果你想要自己的丝巾有多种变换，那么就别选择对称的图案，你会发现，不对称是丝巾的一大优点，每一次你都像在用一条新的丝巾，因为你每次折叠丝巾的手法都不会一模一样。

玛亚的衣橱

每次丝巾课之后，总有人提问，怎样才能找到这么多好看的丝巾？

从现在开始爱美、爱丝巾，你就会慢慢找到这么多好看的丝巾。因为这是我二十多年的积累，那些在路上偶遇、奇遇、遭遇到的美丽的丝巾就这样带着美丽和故事进入了我的生活。我反而不爱特地去买爱马仕丝巾的感受，说实话，那种按照事先挑选好的图案去购买的经历，远远比不上与我在世界各处相遇的丝巾那么动人。因此，想要拥有多一些的美丽丝巾，只要你开始热爱了，你就会慢慢地得到……

我的围巾有两箱，丝巾占了其中一半。

我在品位课堂的丝巾课里会讲所有类型的丝巾及用法，但是在这里我只讲丝巾的收藏，因为这本书只提及使用范围最广、使用率最高的经典，所以我只讲丝巾。

收藏丝巾，并非只有爱马仕不可。我在其他品牌一样找到过心仪的丝巾，并且日后成为我心所爱的！我尤其喜欢在旅行中收藏丝巾，那样会包含我对旅行的记忆，也带来很多故事。收藏丝巾最大的原则就是一见钟情，我从来没有为自己一见钟情买下的丝巾后悔过。反而千万不要为了收藏而买丝巾，哪怕是爱马仕。我见过很多来品位课堂的女士，因为上了丝巾课，热情高涨地跑去爱马仕买丝巾，拿来给我看的结果，有时还真的并不适合她自己，很叫我为难，只好赞美丝巾——如果我只是赞美丝巾好看，是因为我觉得她戴着并不合适。

小方巾 40 厘米 ×40 厘米到 70 厘米 ×70 厘米我有多种小尺寸的，因为很小的尺寸适合绑在拎包上。我最喜欢的是 70 厘米 ×70 厘米的尺寸，特别容易简约式造型，只需要打一个最简单的平结，将其中一端缩到最短，就会拥有不对称之美，而且能很好地展示丝巾上的图案。

大方巾 90 厘米 ×90 厘米的居多，不过，爱马仕的丝巾有时是 87 厘米 ×90 厘米，我想这就是手工带来的误差吧。所以，不用迷信品牌。也有两条 120 厘米 ×120 厘米和 145 厘米 ×145 厘米的。大方巾很好搭配衬衣、jacket 和卡丁衫。尤其是穿卡丁衫，有一条丝巾形象就更为完整。

图案 与马具、树木、马、缝纫、舞蹈、音乐、花鸟、天使有关的图案我都很喜欢收藏，因为这与我生活中的爱好有关。我发现自己很少选择几何图案，不知是不是因为数学太糟糕。虽然我会告诉大家几何图案是经典图案之一，也会指导那些适合它的女士购买，但几何图案还是不被我青睐。不过，最不让我喜欢的就是将自己品牌的 LOGO 铺天盖地印在丝巾上的图案。

颜色 我发现，现在的我可以用得漂亮的颜色越来越多了，这就是年龄带来的奖赏。深蓝、油画绿、咖啡色系、白色、淡金色、灰色都

我按自己心意收藏的丝巾。

是丝巾中我心爱的颜色。

我检查了一下自己的爱马仕丝巾，选择多为蓝与褐，其次是白色。蓝与褐之所以是我的丝巾中出现最多的色系，原因是我很喜欢穿咖啡色，它是属于褐色系的，而蓝色则是褐色的撞色系，所以我也会选择很多蓝色的丝巾，作为我的咖啡色衣服的补色。而不同深浅的褐色则可以和我的咖啡色服饰制造各种和谐效果，也可以成为我喜欢的灰色系服装的搭配。灰色与咖啡色是很知性的搭配法，而蓝色与灰色搭配则既在色彩上很和谐，也是都市气质的搭配法。

要让一件白衬衣华丽起来很简单，就是搭配一条丝巾。我有一条底色为沙白的丝巾，上面全是骑士用的包，整条丝巾只有深深浅浅的灰褐色和琥珀黄，是最为简约的华丽，其实也是职场上的低调华丽佳选。可以利用它底色的接近将其当成白衬衣的一部分，融入衬衣之中，下面再搭配一条铅笔裙，已经足够精彩。

另一条丝巾，深咖啡色的底色之上，有深浅不同的灰白色马匹图案，精彩之处是，还有红褐色、橘黄色和热带海蓝色几条窄窄的缎带图案贯穿其间，打破了大面积深咖啡色的沉闷。系在脖子上时，我会有意将其中某条鲜艳的缎带色彩叠出来，根据当天穿的衣服的搭配需要制造出一抹鲜艳，就像不小心露了出来那么自然。它用来搭配 jacket 的领口和卡丁衫都是那么好，用来当作衬衫裙的领巾就更漂亮了。

一条小方巾，是 70 厘米 ×70 厘米的，但它是我至爱的一条丝巾。上面有 29 位女士，她们的装束从 20 世纪 50 年代到 90 年代，在咖啡色的底色之上，她们穿着蓝色和深浅不一的褐色时装，真是和谐而又丰富，不论怎么叠，都可以露出她们美丽的倩影，怎么样都好看，这真是一条

我收藏的有火车图案的丝巾。

专业宣言的丝巾！对职场女性来说，能够收藏到与自己的职业有关的丝巾是多么开心的事。我曾经在给企业讲课时，看到过有的企业给自己的女员工做的丝巾，真的不知所云，尺寸小气，颜色浑浊。员工要我告诉她们怎样系才好看，我只好用一个宝石结勉强制造了一点亮点，好遗憾啊！我收藏过一条有火车图案的丝巾，上面有很多节蒸汽火车，干净而又怀旧的色彩……每次用它，我都想，为什么我们的列车员不能用上它呢？它是那么可爱雅致！

我在美国再次遇到一条时装图案的丝巾时，毫不犹豫地收藏了它，因为它就像是我的职业宣言，何况，这是我至爱的职业。在我第六本书的第一次发布会上，我首次用了这条美国带回来的"职业宣言"，那天，很多人都注意到了它。我知道，以后每当我看到它，就会想到那个美好的日子，它经历的美好越多，它在我心里的价值就越高。丝巾，从来不是因为品牌的大小使我珍惜，我所珍惜的是它伴我度过的岁月。

一条长方巾，是从意大利带回来的，我特别喜欢上面的地图图案，这当然绝对是永不过时的图案。我喜欢一切有永恒意味的事物、话语和图案！它是香子兰黄的，但是刚好可以成为我咖啡色系衣衫中的点缀色，是和谐的跳跃！

如何使用长方巾呢？当然可以把它们随意披挂在

我的卡丁衫有丰富的穿法也是因为丝巾的帮助。

脖子上，跟着风衣、大衣潇洒地行走……如果你愿意拦腰绑个结的话，
你会有不同的美感体验。对于身材丰满或者胖的女士来说，这个使用法
则可以使她们更为安心、自信，因为丝巾通过绑结会制造出一个美丽的
"遮挡"，使得肚腹之处有了遮盖，而且是有风景的遮盖！在办公室，
如果你想只穿套头毛衣，就一定要记得来一个这样的遮盖。

中国女人的小黑裙：旗袍

Cheongsam

中国女人的衣橱里都应该有一样最为独特的预备，是肯尼迪夫人和戴安娜王妃都没有的——旗袍！我认为旗袍就像是中国女人的小黑裙，是很好用的单品，也是让自己在隆重场合轻易过关的礼服，是可以从容地与时尚相处的古董衣，是一件秘密武器。

中国女人的小黑裙：旗袍
Cheongsam

    中国女人的衣橱里都应该有一样最为独特的预备，是肯尼迪夫人和戴安娜王妃都没有的——旗袍！我认为旗袍就像是中国女人的小黑裙，是很好用的单品，也是让自己在隆重场合轻易过关的礼服，是可以从容地与时尚相处的古董衣，是一件秘密武器。这是我多年的心得，参加某个不明就里的party、某种根本无心前往又不得不出席的场合，或在没有时间考虑搭配的紧急状况下，旗袍真是替我一再解围的那一件单品！

    当然，旗袍不能够只有一件，除非你保证每次出席的场合都没有重复出现的熟人。总得有点新意吧，否则跟好多天都没回家换衣服似的。

    本着这样的想法，在我自己的品牌maia's的第一批成品里，我就设计了旗袍，而且是非常实用、非常救场的旗袍。当时，很多人都诧异我为何用意想不到的面料来做旗袍，其实那正是我最初所见到的旗袍的质

中国女人的衣橱里都应该有一样最
为独特的预备，是肯尼迪夫人和戴
安娜王妃都没有的——旗袍！

地……很多人都以为旗袍就得是绸缎、织锦、绣花的，他们忘了，旗袍曾经也是中国女人的生活装。

我对旗袍的喜爱，实在源远流长。

很小的时候，最喜欢跟父亲在阁楼上淘东西，上面那几口大大的樟木箱子里好像有淘不完的宝贝。父亲常常从里面拿出来一些有故事的旧衣服，或者衣料。说衣服旧，其实还很新，不过都是外婆的旗袍，母亲经常把它们改造成可穿之物。我觉得我对好衣料的认知就是从那些时候开始的，在我还说不出衣料的成分时，我发现我已经懂得区分级别和好坏了，外婆的旗袍给了我一个很高的起点和启蒙。

后来，旗袍又可以穿了，母亲随即找人做了旗袍，每逢要拍照，她总会穿旗袍，去参加别人的婚礼，她也穿旗袍，可惜她的身体虚弱，能够秀旗袍的机会实在太少，等她去世，旗袍也还是新的……

我对旗袍的爱，仿佛是一颗种子，一直埋在土里，埋了30年，突然发芽，茁壮成长……我就像当年的母亲那样，开始做旗袍穿，而且无须请教他人，自己就把裁缝指挥得团团转，好像一夜之间什么都会了，因为那颗种子埋得太久了，我见过的旗袍实在太多太好了。

玛亚提示

什么颜色让你穿着很自在又很自信？用它做旗袍！

别把旗袍当礼服来穿，但是要把旗袍当礼服来做。旗袍的精贵不要体现在面料的表面，比如，锦缎的旗袍，除非你是新娘的妈妈，或者你已经 80 岁了，否则最好别在平时这么高调，锦缎绝对能把你穿老 10 岁。用高档的低调型面料做旗袍是最好的选择，比如薄羊绒料、全羊毛料、羊毛加丝料、高级混纺都可以。面料千万别发光、发亮，要知道，那会像是要登台表演，而旗袍在本世纪已经有点戏剧感了，还是低调、再低调。旗袍的出场要想精彩，就要低调、淡雅、安静或神秘，否则你就是人群中唱戏的那一位。

别穿那些旗袍杂志里很短、有很多细节的旗袍，那是为了拍照好看，上杂志有噱头，如果让模特从杂志里走出来，站在你身边，你会觉得她实在风情得……有余。如果真的穿在身上，你会很不自在，短旗袍，再加上一边一个的开旗……设想一下吧，别给自己找罪受了。旗袍的长度一定要过膝盖，跟小黑裙一样，膝下一掌宽是清爽的长度，到小腿肚是怀旧的长度，过小腿肚是气质的长度，到足踝是隆重的长度。

旗袍不要穿得太怀旧，它本身就代表了怀旧，所以能穿出一种随意是最好的。因此，不要太过紧身，跟夜上海的女郎似的。很多女人不肯给旗袍留下一丝余地，哪怕面料起一点点涟漪都不行，必须完全包裹、紧裹着才行……这种心态本身就需要更新，就跟旗袍需要改良一样。留点余地！做旗袍，不是塑蜡像。

我最喜欢的奶白色旗袍,重磅水洗真丝,亚光,人字提花。

每当看着这件芥末绿的旗袍,我就想着这一切:芬芳的梦想,紫色的飞马……它们都会在我的未来里!

波点的斜纹绸旗袍,显得娴雅、轻松、干净。

玛亚的衣橱

　　我做的首件旗袍竟然是花的，是一件布满枫叶的直角领旗袍。上面的枫叶是奶茶色、淡褐色、深褐色、褐橙色组成的一片秋色，有点忧郁又很热烈的感觉。我用它搭配一件驼色的羊毛卡丁衫，一双咖啡色与白色相间的双色半跟羊皮鞋，现在想来实在太乖了、太和谐了，也不知当年穿着给人的感觉是否做作，当时只是想一味地怀旧，有点傻。

　　现在我最喜欢的是一件奶白色旗袍，重磅水洗真丝，亚光，人字提花。这块面料实在是很独特，看上去就像精纺棉，实际上是重磅丝，我非常喜欢。整件旗袍没有任何其他颜色，扣子也是最简单的本布一字扣，普通短袖，小腿肚之下五厘米。每次穿它都觉得很自由，又很神圣，有种素朴于表、隆重在心的感受，有发自内心的尊重和表里如一的尊严。这件旗袍也很好搭配饰品，因为它极其简单素净，所以配手表有高贵的都市感，配丝巾和胸针淑女味浓，配小晚装包有亦古亦今的韵味……

　　排在第二的要数那件芥末绿的旗袍。在绿色当中，芥末绿始终会吸引我的眼球，我会买芥末绿的手帕、芥末绿包装的护手霜……这件芥末绿的旗袍首先可爱在它的面料上，丝绵质地的芥末绿底色上有细碎的鹅黄、粉蓝扎成的小花束，与一匹又一匹的紫色飞马和 U 形马蹄铁组合成面料的图案，当骏马被缩小得跟小花和 U 形马蹄铁一样大时，实在极其童话、极其奇妙！一见钟情的面料，心里毫不犹豫地就决定要用它做旗袍……很春天，也有种甜美的酷感。我曾经穿它参加媒体的 party，还在当晚因为"写给未来的中国时尚界的话"的文字获奖。我写的是未来

及地的无袖黑旗袍，晚装感觉。

的中国将有一款像香奈儿五号一样闻名的香水……因为这是我的一个梦想！奖品是一套非常童话的瓷器，瓷器上面的鸽子戴着望远镜。我太高兴了，看，这就是我的紫色小马带来的啊！每当看着这件芥末绿的旗袍，我就想着这一切：芬芳的梦想，紫色的飞马……它们都会在我的未来里！

第三件旗袍是波点的斜纹绸，每一颗白色的波点都字正腔圆地整齐列队，像糯米小汤圆一样圆润，它们整齐地留下漆黑的、角边上翘的小菱形。我既喜欢奇异的凌乱美，也喜欢极其规则的图案……我用它做了一件中长的无袖旗袍。它显得那么娴雅，那么轻松，那么干净，我在绿草地上曾经与它合影。那是一个温度、光线、湿度都刚刚好的下午，好得就像上面所有的波点，没有瑕疵，没有忧虑……如果想要度过美妙、舒适、享受的一刻，穿上它实在是非常应景的。

棋盘格，原本是男士衬衣的经典图案，但是如果你看见我的棋盘格旗袍，就会忘了棋盘格的出身了。一件是深咖啡的底色，上面是秋叶黄、粗细不等的虚线画成的棋盘格。混纺羊毛，有些挺括，做成旗袍之后有很浓的文艺腔调，同时又很帅气，宜古宜今，短袖。我穿着它讲过文学课，不过讲的是简·奥斯汀，本来以为要站着讲，结果安排我坐在沙发上讲。两个小时之后，我发现还好，蛮舒服，我要谢谢自己设计的版型，没有被旗袍绑起来。另一件是灰度很高的冷霜绿羊毛料，上面的方格十分纤细，我在领侧左肩处设计了一片卷边，右胸侧抽褶，很时装化，是时尚化的旗袍，又有 20 世纪 40 年代的风格，出席一些与设计有关的聚会最为恰当……

三件条纹旗袍。深灰上面的提花本色条纹与深红色条纹相间，藏青

棋盘格旗袍，有很浓的文艺腔调，同时又很帅气，宜古宜今。

色上灰色提花条纹。这两件的条纹若是不走近是看不到的，感觉很端庄，有些高级行政感。曾经有一位工会主席穿着藏青色的这件出席企业年会，一进场，大家都鼓掌，称赞她有国母风范……也有女士穿着它去参加政协会议，博得好评。另外一件旗袍，是很英伦调的条纹，卡其色的底，上面是咖啡色、奶茶色的条纹和极细的橘色细线条组合而成，是一款下午茶旗袍，用在高级休闲场所显得随意而又体面。我曾经穿着它应邀和一位设计师喝下午茶，不久就看见她第一次推出了旗袍系列，不过她的旗袍长度都在膝盖以上，但所用面料的质地跟我的下午茶旗袍一样，颜色不同而已。

是不是觉得我的旗袍都太素了？其实我也会穿红着绿的。

深红是比较女性化的红色，我有两件深红色的旗袍。一件是

很英伦调的条纹，卡其色的底，上面是咖啡色、奶茶色的条纹和极细的橘色细线条组合而成，是一款下午茶旗袍。

女主人式的旗袍，莨绸的咖啡色底上开了几朵很大的花，怀旧的胭脂红，像是光线不足拍出来的老照片似的。

莨绸的旗袍，黑咖啡底，中式的碎花。生来旧的颜色，使它的穿着率也颇高。

欧根纱的，我把它设计成 A-LINE 的轮廓，用了几颗颜色不同的宝石扣，小灯笼袖，希望穿上它的女士保持一份天真，因为旗袍本身就有很成熟的意味。可惜，很多女士一穿上就问："怎么腰部这么宽松？"她们无时无刻不想着掐腰，生怕没腰显得老，却不知道天真的气息比掐腰更显年少……我穿着这件旗袍参加过慈善晚宴，A-LINE 保证了我的坐姿整晚都可以很舒服又很得体。另外一条深红色旗袍是全羊毛的，仔细看会发现上面有本色提花的小骑士图案，虽然是短袖，但是在冬天的室内穿还真是很暖和。是岁末时各种应酬的"好帮手"，也是在其上做加法的旗袍。旗袍，是我的社交简单法则。

至于另外一件绿色的旗袍，是面料中显得最华丽的提花绸缎，因为是墨绿色的，才不至于夸张。我穿它领过奖、颁过奖，想想那些热闹的场面，我都不记得自己说了些啥，只记得这件旗袍总是忠实地陪伴着我、保护着我，使我在自己不适应的场面中知道怎样举手投足……它有种沉着、大方的气韵。相比起芥末绿，它是如此具有大将风范——芥末绿更像个做梦的人，行走在自己的时空里。虽然我更喜欢穿上芥末绿旗袍，但我知道，我无法缺少这件墨绿的……我很感激有它。

女主人式的旗袍，指在自己的主场，隆重的场合穿的旗袍，可以稍微夸张点，表示对客人们的重视……一件及地的无袖黑旗袍，晚装感觉；一件莨绸的咖啡色底上开了几朵很大的花，怀旧的胭脂红，像是光线不足拍出来的老照片似的。它是设计感最强的一件，以前的都是最简约的款式，这件从袖下飘出一段裙边……很有点惊艳，所以我很谨慎，还没穿过。

还有一件没穿过的莨绸新旗袍，做好一年多了，也是因为稍稍华丽，

我收藏的旗袍。

晚装旗袍。

仔细看会发现上面有本色提花的小骑士图案，虽然是短袖，但是在冬天的室内穿还真是很暖和。

面料中显得最华丽的提花绸缎，因为是墨绿色的，才不至于夸张。

女主人式的旗袍，黑咖啡底，上面有稀疏的小骨朵暗红色花，中式的碎花……生来旧的颜色，使它的穿着率也颇高。

所以还没"见光"。潜意识里，我是否希望把它放旧一点再穿呢？另外有件茛绸的是黑咖啡底，上面有稀疏的小骨朵暗红色花，中式的碎花……生来旧的颜色，使它的穿着率也颇高。

  我可不想把旗袍一件一件写下去了，只希望有一天，我的后代可以在家里的阁楼上看到我的旗袍时，会因此说起老外婆或者老奶奶的故事，还是留给她们去说吧，旗袍的故事就是应该从阁楼上说起……我的女友曾经说："快点生个女儿吧，否则你的旗袍留给谁呀？"

不得不说的：小黑裙

Little Black Dress

重复穿着，是我们收藏小黑裙的原因，所以要选择那些不扎眼、不会被每个人记住的小黑裙，但是每个人都会记住你因为一条好的小黑裙带来的优雅气质！

不得不说的：小黑裙
Little Black Dress

不得不说，就是出于它的普遍性和实用性，无数的服饰品牌都会在每年做一些小黑裙。每年在香港做导购，看过很多小黑裙。尤其一些实用的大品牌，会出品很多的小黑裙，每次都会被介绍："这是我们的经典款。"

到底什么叫作经典的小黑裙？从香奈儿小姐设计的第一款小黑裙来看，小黑裙也是过膝的背心裙式样，轮廓比较放松，裙摆有装饰，为花边或者羽毛状物（当时的流行）。从当时的畅销程度来推测，小黑裙是因实用而取胜的。因为香奈儿小姐说："不论是谁，胖的瘦的，高的矮的，她们穿上小黑裙就发现自己变得漂亮了……"所以，我希望大家记住这个特质，小黑裙是一条让自己变得轻松漂亮的裙子。如果有一条小黑裙让你觉得自己这里没长好、那里没长好，那么它就不是真正的小黑裙，

简单，好穿，好搭配，使你变得有信心、自在，也精神了，就是小黑裙应该做到的。

而只是用黑色面料做成的裙子罢了，不管它是不是某品牌的经典款式，它都不能算作经典的小黑裙！

简单，好穿，好搭配，使你变得有信心、自在，也精神了，就是小黑裙应该做到的。

假如你是一个很繁忙的女士，而且一天之内可能要见好几拨人，晚上可能还要去应酬，即使不是每天如此，你也一定会为自己的"出征"服饰感到有些头疼吧，那么真正的小黑裙的确能够助你一臂之力！

玛亚提示

重复穿着，是我们收藏小黑裙的原因，所以要选择那些不扎眼、不会被每个人记住的小黑裙，但是每个人都会记住你因为一条好的小黑裙带来的优雅气质！

不要选择上面有很多装饰物的小黑裙，尤其是在上半身，比如装饰了蕾丝、玻璃宝石、水钻等。

不要选择剪裁过于矫情的，比如极度贴身，强调 S 线条的；不要选择闪亮的面料，应该就是干净纯正的黑色。

最好选择及膝、或者过膝的小黑裙，因为过膝的长度本来就是小黑裙的基因。一条膝盖以上的黑色短裙，是没有小黑裙的雅致气息的，那只是一条性感短裙。我们要谨记的是，寻找为自己带来优雅气质的小黑裙，而不是随便什么黑色裙子。

生产之后的女士，最好为自己选择一条 H 形轮廓的褶皱面料的小黑裙，尤其是三宅一生的小黑裙，实在是太适合因为生孩子体形不能马上恢复的妈咪们。褶皱面料不仅可以掩盖身上的"救生圈"，还能将身体"仅存"的曲线勾勒出来。等到体形恢复之后，这条裙子也照样可以搭配使用，这是褶皱面料实在了不起之处。

看完我的旗袍，也许你会说："你怎么不穿小黑裙呢？小黑裙不是也很容易对付应酬么？"的确，小黑裙当然经典，但是我的小黑裙并不多。九条，其中六条出自自己的设计。

玛亚的衣橱

维多利亚　这条小黑裙的设计灵感来自伊丽莎白一世美满的婚姻和她心爱的丈夫，她的丈夫死后她就只穿黑色了（不知后来香奈儿小姐是否模仿她，不过她只是模仿了一阵子）。我用了七分抽褶袖和维多利亚时代的圆形小包扣来表达对女王的致敬，在左肩做了细节设计……在很正式端庄的场合，穿这款小黑裙是很恰当的。不过，对于很有风情、很女人、很性感的女性来说，这件小黑裙会显出它特别的诱惑力。系上腰带之后，它会呈现出一种吸引你探求的神秘气质。

温莎夫人　这条小黑裙，灵感来自温莎公爵夫人，她是一个一生的衣着都包裹得很紧的女人，裁剪上的节制是她衣着的特点。我用了她最常穿的轮廓线，塑造出她的韵味，只在细节上做设计，就是袖身和裙摆上做一些处理。对于已经活出自己独特气质的成熟女性，这一款小黑裙实在是很好的收藏，换一条腰带、换一枚胸针都会带来新意。

香奈儿小姐　说到小黑裙，怎么能不纪念香奈儿小姐！这条名为香奈儿小姐的小黑裙，完全采取 H 轮廓，直线条，双插袋，配双平底鞋，走遍世界大都市都不怕，也不累。香奈儿小姐喜欢在自在的轮廓里洒脱，只要配上一条长长的珍珠项链，你就能体会某种洒脱和傲然了。

霍利小姐　小说《蒂凡尼的早餐》，是我读大学时收藏的书籍，

"维多利亚"。

"香奈儿小姐"。

"海的女儿"。

"霍利小姐"。

当时并不知道这本书很有名，只是纯粹凭着阅读的嗅觉买下了它，记得当时还买了两本，《猫的摇篮》和《马蒂斯线描》。很久以后才知道《蒂凡尼的早餐》原来已拍成了电影。我特别记得小说里面说霍利小姐不知从哪里弄来一些黑色灰色的东西，穿起来显得很高级……这条小黑裙就是纪念我当时对霍利小姐的感受。我没有模仿电影中奥黛丽·赫本扮演的霍利，而是勾勒出小说中的霍利给我的影像，就是简洁、慧黠。所以，这条小黑裙无袖，甚至肩上没有完全缝合，象征霍利的"没心没肺"……腰部的抽褶是对她魅力的描绘。小黑裙就是在这部电影之后被发扬光大，但是我更喜欢小说，它让我展开的想象至今都是宝库。我很感谢那些资讯贫乏的年代，它使我的想象力无比丰盛。

海的女儿 在幽暗的深海底，住着一个为爱而生的小人鱼，她就是安徒生的海的女儿，爱上王子的小公主。

"DVF"。

美式小黑裙。　　　　　　　　　英伦小黑裙。

这条小黑裙充满了从美人鱼而来的幻象，鱼尾裙摆，波浪细节，珍珠白
的小披肩象征着海浪里的泡沫……我希望穿上这条小黑裙的女生能遇到
她生命中的至爱。

　　DVF　黛安·冯芙丝汀宝是时尚界的传奇人物，她生活在一个令人
艳羡的年代，仅仅凭着一条创造性的裹身裙就红遍天下直到今日，因为
DVF 的裹身裙及时地回应了那个渴望表达新自由的时代。在时尚界，出
生早，靠创造成名；出生晚，靠消费成名，不能不说，时尚的美名越来
越被扭曲……这条小黑裙，我为了纪念 DVF 而设计，不过我用了自己的
长度和裙摆，更加恬美淑女一些。公司的设计师带媒体去参加香港的品
牌晚宴，回来说她穿这条小黑裙回头率极高……这条小黑裙更是旅行的

好单品，冷了里面可以加保暖裤配靴子，上面加卡丁衫或者大衣，简洁时尚，配条加长长方巾，超级浪漫。

薄呢小黑裙　冬季的小黑裙其实很重要，因为下半年的节目多，加上去音乐厅听音乐，有一条保暖的小黑裙是必需的。我正是抱着这样的想法收藏了一条薄呢小黑裙。它是圆领、短袖、过膝、微 A，很普通的设计，但是最好用的小黑裙，都是普通的款式，因为这样很好做加法和搭配。我想几乎没人记得我这条小黑裙，因为我总是在它上面加外套、披肩、大衣……它是一个完完全全的背景，背景的作用就是实现你的特殊想法。

英伦小黑裙　这条小黑裙是英国品牌，X 轮廓，肩带在后背交叉，有种大大方方的女人味。我会在穿着它时在上半身配一件雪白的白衬衣，然后在腰部将白衬衣的衣摆系一个结……也曾经这样穿着做舞台上的嘉宾，白衬衣的搭配使我很自在，X 轮廓也能够凸显我的优势，就是苗条的腰围。

美式小黑裙　很简洁的背心式小黑裙，H 轮廓，不过，在靠近裙摆的一尺高处开始，叠加了很多层的高压褶皱雪纺，使得简单的背心式变得华丽起来，两种不同的黑色面料也混出创意十足的感觉，工艺很好，我喜欢用它配黑色高跟长靴穿。

让生活美好的：淑女连身裙

Even Body Skirt

经典的基本款连身裙，轮廓常常是
不紧也不松的，不过总是会给腰部
留下表达的位置，以保持女性特质。
基本款的经典在于恰到好处！淑女
气质的连身裙，都有一个度，这个度，
让女人显得端丽、美好，有女人味，
值得信任，充满了理解力……

让生活美好的：淑女连身裙
Even Body Skirt

　　如果你是一个追求完美的女人，事事都要求做到好，喜欢简·奥斯汀，喜欢窗明几净，任何时候都保持完美形象，那么你一定少不了淑女连身裙。怎样来描述它呢？那就是几种轮廓的 basic dress，基本款。

　　当初开始准备做自己的品牌服饰的时候，我毫不犹豫地就想做"经典基本款"这样一个定位，因为我遇到的有特色、有风格的品牌太多了，我发现自己总是在众多的品牌中寻找自己的心爱之物，那就是经典的基本款，但是随着时尚的越演越烈，我发现这种寻找也越来越艰难，那么我就自己来实现它吧，我很忠实地只做它。这两年，越来越多的客人回来告诉我她们是如何得到了丈夫和同事的赞美，是如何游刃有余地穿着我的服饰在工作和生活中穿行，甚至有女士告诉我，她因为这些服饰如何在国外得到了礼遇、受到了关注……

经典的基本款连身裙，轮廓常常是不紧也不松的，不
过总是会给腰部留下表达的位置，以保持女性特质。

经典的基本款，并非你从字面上看到的这么简单，实际上它丰富得足够一生享用。经典款的连身裙是很淑女的，要举例说明的话，英女王伊丽莎白二世和凯特王妃身上的一些连身裙就是经典的基本款连身裙。

经典的基本款连身裙，轮廓常常是不紧也不松的，不过总是会给腰部留下表达的位置，以保持女性特质。基本款的经典在于恰到好处！它没有 H 轮廓那么硬朗，也没有大 X 轮廓那么显著。即使是直身的也有柔和的感觉，即使是 X 轮廓的，也很有节制……淑女气质的连身裙，都有一个度，这个度，让女人显得端丽、美好，有女人味，值得信任，充满了理解力……

也许我要在此解释一下女人味。媒体和电影里常常发出一些声音告诉我们女人味就是蕾丝、性感、诱惑力……不，这不是女人味！我认识一位加拿大籍的中国台湾男士，他曾经是一位高级白领，曾先后在两岸的首富企业里任 CEO，有一个很好的太太、三个优秀的儿子。不过，如今他已经从"前线"退役，在美国神学院快乐地当学生，准备去做一个牧师（我想他会是我见过的最时尚的牧师，因为他的穿着很有品位）……去年，我在香港与他重逢，我向他询问关于我得知的一些话，因为他曾经在美国的神学院里评价一位中国女士说："你们见到她，才会知道什么叫作女人味……"我怀着学术研究的心态询问他对于女人味的感受是什么，请他解释那句评价。他很严肃地沉思了一下，解释道："是这样，如果一个女人，她让你想到的是人生所有的美好，能激发你所有正面的、圣洁的情感，使你觉得自己也很美好，也想要美好，那么她就是真正温柔的、有女人味的女人。如果一个女人让你想到的只是性或者感到某种诱惑，那么这绝不是真正的女人味。"

这条裙子叫"掌上明珠",运用的是公主摆,前短后长。

其实，这就是我想要表达的，关于淑女连身裙的意味。这不是由简单的线条、款式、轮廓、颜色、图案能够归纳的，它是以上这些综和之后的一种度的集体呈现。

玛亚提示

不展示大腿，这是一条淑女连身裙的基本要素。淑女让自己方便，也让旁边的人没有挣扎。高贵，是淑女的气质；高尚，是淑女的基本心理。

不刺眼的颜色和安静的图案，比如小型几何图案的排列，自然界元素，花朵、树叶、果实……

好品质的面料是一件淑女连身裙的品质保证，淑女是绝不粗糙，也不随心所欲的。丝绸的淑女连身裙是淑女必备的连身裙。因为身穿丝绸，真的需要淑女的仪态举止和淑女品质，也许丝绸的连身裙是最能考验人的吧。当我看到古董的丝绸连身裙时，心里就感动，我会仔细去看每一条缝，它们会让我看到一位柔和、端庄的淑女，因为只有这样的淑女才能把一件丝绸的连身裙穿得如此完好无损。实话说，丝绸真的是淑女面料，淑女不仅知道如何控制自己的仪态，也非常知道如何控制自己的身体。我常常设计丝绸的淑女连身裙，不过我总是在吊牌里加上"斯文穿着"几个字。尽管如此，还是有客人来问为何衣服绷纱了……不过，不要被绷纱吓住，因为丝绸可以锻炼你的淑女气质，是你应该作出的选择。

很好的细棉面料，也是我一直都在寻找的，淑女连身裙的棉布不能厚硬，经纬纤维也不能稀疏，要细腻紧致柔韧。

除了天然面料，环保面料、高科技混纺面料也一样不可忽视。人们需要对混纺面料有一个全新认识，实际上现在有不少好化纤都是世界顶尖的机构研发出来的，混纺面料并非意味着低等。我原本是一个抗拒化纤的设计师，但是经过多年的实践和学习，我发现我们的知识都应该不断更新，接受新的资讯有利于我们在新时代拥有活泼的经典形象。

实际上，今年获奥斯卡奖的《帮助》这部电影里，有不少淑女气质的连身裙，只是可惜，它们的主人做了那么多不淑女的事情，使得那些淑女连身裙显得虚伪起来。如果淑女连身裙的主人没有仁慈和充满怜悯的心，是无法使那些连身裙好看起来的，相反，电影里面的很多黑人女佣一个个有礼有节，很像淑女，真是讽刺！

玛亚的衣橱

我常常在要出门时，问问父亲："爸爸，我穿得如何？"我并不是询问他的意见，我是想看看一个老派的男士是如何看待现代淑女装的。如果我穿了旗袍或者淑女连身裙，他一定会说"很好看""非常不错呀"。有一天我用一件白衬衣、一件灰色宽松 A-LINE 背心和一条灰色伞裙做了一个混搭造型，问他如何，他说："今天怎么有点怪？"我马上就去换了装。嗯，淑女是不搞怪的。

我有不少淑女连身裙，我也一直在努力做一个淑女，这不仅是母亲对我一直以来的要求，也是我对我未来女儿的要求。我最希望的是，我的内心也跟淑女连身裙一样好看。

如果你见过我之前的一本书《成就最美好的自己》，在那本书的封面上我穿的那条连身裙就是我众多淑女连身裙中的一类代表，比较收身，但不紧身，可用腰带装饰，过膝，特别适合职场。它比套装要温和了许多，但是又完全端庄。这个类型的连身裙，我还有好多件，我也总是会在这类连身裙上设计口袋，好随时塑造优美潇洒的 pose。

在这一类的连身裙里，我多选择中性色，我喜欢中性色的低

我众多淑女连身裙中的一类代表，比较收身，但不紧身，可用腰带装饰，过膝，特别适合职场。

好品质的面料是一件淑女连身裙的品质保证，淑女是绝不粗糙，也不随心所欲的。

"一位 lady 的回眸"，丝绸是我特别喜欢用来做
淑女连身裙的材质。

我的斜纹绸加欧根纱拼接小礼服连身裙。

调、踏实、深沉、投入的感觉。比起职场的男性专用色，它总是显得更为合作，也很知性。与 jacket 和卡丁衫很好搭配到一起，与前者塑造出职场的练达，与后者则塑造出商务休闲的状态。在这一类连身裙中，我有好几条适合秋冬穿着的羊毛料或者薄呢料的，它们可以让我在臃肿的季节保持优美体态。

另一类，就是不过分的 X 轮廓，碎花或者微型图案，色彩淡雅。这一类连身裙是卡丁衫的好朋友，是休闲社交、朋友聚会、家庭出游的好装扮。我设计的"细语繁花"和"一位 lady 的回眸"就是这一类连身裙的代表，它们都是 V 领，有细节的短袖，花开似的裙摆。"一位 lady 的回眸"和"掌上明珠"运用的是公主摆，前短后长……因为是丝绸面料，所以它们自身的柔美和飘逸已经增添了裙子的女人味，丝绸是我特别喜欢用来做淑女连身裙的材质。

在淑女连身裙中，我特别喜爱穿波点和白色的连身裙。

蓝色波点的丝绸连身裙，是我到纽约的第一天穿的裙子。头一天夜里，我就在房间里将它搭配好了，用银灰色的美利奴羊毛卡丁衫和一双舒适的法国软磨砂皮海军蓝中跟鞋，当这一切与纽约那些淡褐色的大麻石建筑相遇时显得很搭调。蓝白波点、黑白波点，永远都这么经典……在最古老的咖啡馆、最有历史的酒店、最耐看的街道、著名的博物馆，它都能融入并且受到欢迎。

白色连身裙，则是生活中的盛装！我喜欢白色连身裙，原因很简单，它会使我很美丽，也能使很多女人美丽！《托斯卡纳艳阳下》《欲望都市 II》里都有一条很美的白色连身裙。不过，《欲望都市 II》因为太摩登了，简直就像品牌发布会，那条白色连身裙怕是很少人注意到，而我，只记得那条白色连身裙。

它并非电影一开场就出现的那条 Hàlston，不是夏洛蒂穿的 Robert Danes 和 Thierry Mugler，也不是米兰达穿的 Hermès，是电影要结束时那件优雅的 Ralph Lauren，凯瑞穿着它回到纽约的家里，Mr.Big 却不在，她忧伤地站在家里，那件云白色的连身裙使她显出从没有过的……靠谱。她好像终于对生命和婚姻找到一点感觉了，那件白色连身裙真的比她的婚纱还要好。如果她在第一次与 Mr.Big 举行婚礼时就懂得选择这件裙子，也许就不会经历那次婚礼的"情变"了。《欲望都市》的四个女主角里，凯瑞是我最不喜欢的，直到这件白色连身裙出现，不过，电影也结束了。

平时，我们其实很难得见到白色连身裙，原因很简单，我听得最多的理由竟然是："太容易脏了。"啊，女士，连清洁问题都保证不了的话，怎么做淑女呢？淑女是很会照顾自己的衣物的，也有使服饰保持干净的好习惯……可见，淑女连身裙需要内心的品质和淑女的习惯才能穿着。

我的白色连身裙是双宫绸的，有一些自然的纺织纹理，是丝线与丝线交接处留下的肌理，非常可贵，因为它会传达一种天然、手工的感觉。我喜欢衣物上有这样一些耐品的细节，它们让我感到尊贵、体贴和充沛的情感。我见过不少昂贵的大品牌，它们虽然十分夺目，但是当我静静地与之相对时，却显得那样肤浅粗糙，因为它是那么简陋地处理着某种灵感、某种情感，让人为之痛心。

我曾经穿着这条白色连身裙参加一个纯女性晚宴，我的裙子是当天最长的，也是唯一的白色，不用多猜，穿黑色的人最多，无数的小黑裙。这就是为何我会在开篇时说："其实小黑裙很闷。"因为每当你参加聚会时，你就会看到太多的黑色，包括我自己也不例外，也免不了穿黑

环保面料、高科技混纺面料也一样不可忽视。
我原本是一个抗拒化纤的设计师，但是经过
多年的实践和学习，我发现我们的知识都应
该不断更新，接受新的资讯有利于我们在新
时代拥有活泼的经典形象。

淑女气质的连身裙，都有一个度，这个度，让女人显得端丽、美好，有女人味，值得信任，充满了理解力……

色……这让我想到，19世纪时髦的欧洲女性人人以穿白色为摩登，当年，是否曾经有一个女人觉得白色也很闷呢？我笑了，其实让人闷的是流行色，并非色彩本身！

使你振作的：铅笔裙

Pencil Skirt

铅笔裙代表一种状态，这种状态的名字就叫作——振作！回忆一下我们在工作中遇到过的穿铅笔裙的女士，她们都不会是无足轻重的角色。不过那些在膝盖以上、露出一截大腿的、把下半身箍得紧紧的短裙可不是铅笔裙。

使你振作的：铅笔裙
Pencil Skirt

自从我写了铅笔裙和玛丽莲·梦露的关系之后，我发现身边的女人对铅笔裙改变了看法。而一些更聪明的女士，在那篇文章诞生之前就已经选择了铅笔裙，她们很有天赋，也明白了铅笔裙中可挖掘的东西。我的每一款铅笔裙总是能够销完，以致公司里很少投资自己衣橱的财务同事，把我们最后一条畅销的铅笔裙从衣架上取下藏了起来，自己买了——她实在忍不住了！所有的设计师都笑了，我们很开心地看到那条铅笔裙使自己的同事变得美丽起来。

可怜的玛丽莲·梦露，我从来就不讨厌她，比起这个时代太多搔首弄姿的女星来，她有一份她们没有的简单和渴望，至少，她渴望更多地被爱，而不是更多的名利。我在那篇文章中探讨玛丽莲·梦露穿铅笔裙的模样，最重要的就是当她穿上铅笔裙，她就摆脱了一种玩物的形象，

当玛丽莲·梦露穿上铅笔裙，她就摆脱了一
种玩物的形象，让人感觉她的性感是宝贵的。

让人感觉她的性感是宝贵的。

铅笔裙代表一种状态，这种状态的名字就叫作——振作！

设想一下，当你按下邀请你晚餐的朋友家的门铃时，你看到女主人发型整齐、穿着铅笔裙和开司米羊毛衫时，是什么感觉？你一定会不由得打起精神，因为你立即感受到这位女主人是追求完美的。实际上，会在自己家里穿铅笔裙的妻子很有可能是个完美型的妻子，她的家就像她的职场……你会暗自盼望自己的孩子不要吵闹、表现得有教养，并且留意自己的每一句话是否得体……这和穿着家居服与拖鞋来应门迎接你的家庭主妇产生的效果是十分不一样的！

记得《欲望都市Ⅱ》里的夏洛特吗？她是一个完美型主妇，当她在家里做蛋糕的时候，就穿着 Valentino 的白色铅笔裙！与之搭配的是 Christian Louboutin 裸色鱼嘴高跟鞋，以及上面印有奶油樱桃挞的围裙，她给在一旁的大女儿也穿上同款的围裙，不过，女儿终于让她崩溃了。因为她把樱桃糖浆按在了夏洛特的 Valentino 白色铅笔裙上，还是古董裙！这就是在家里都要穿铅笔裙的女士，只要她想，就能做到。她们的家完美得能令很多女人自惭形秽，就像夏洛特为了嫁给所爱的男人能够活生生把自己变成一个犹太人！我挺喜欢夏洛特的。

回忆一下我们在工作中遇到过的穿铅笔裙的女士，她们都不会是无足轻重的角色。不过那些在膝盖以上、露出一截大腿的、把下半身箍得紧紧的短裙可不是铅笔裙，它们是无足轻重的铅笔头，因为那些裙子的长度根本还不够削成一支漂亮的铅笔，不就像一截粗粗短短的铅笔头么？！

我的工作会接触和运用到半个多世纪前的许多资料、图片，我经常会听到的感叹就是："那时候的女人真美。"我们是否觉得 20 世纪四五十年代的女性好像身材都很窈窕？有否想过她们比起现在的女人更懂得穿衣的诀窍，也更为尊重穿衣服这件事？我说的"更为尊重"和现在的疯狂时尚是两回事，因为很可能有人会说现在注重穿衣的人更多，时尚更为普及。但是，只要我们冷静下来好好思考一下，就会发现这个时代在穿衣服这件事上其实是很混乱的。电影和媒体很多时候扮演的是"误人子弟"的教育角色。

我在设计过程中常会遇见一些让人啼笑皆非的事。比如，一位成熟的女士，经常穿着很短的铅笔头裙子，露出来的腿既不笔直，也不修长苗条，她却告诉我因为杂志上说穿短裙才有拉长下半身的效果，直到她愿意尝试我为她推荐的过膝盖的裙子，她才发现自己显得没有以前那么壮实，下半身显得修长了，而且变得高贵了……

我还遇到一些女士，坚持要把膝盖以上的一大截大腿露出来，原因就是嫌自己的小腿太瘦不性感，要多露一些腿才会好看……我们一定要小心！这个时代有一个很恶毒的暗示，就是把"性感"二字当成了最大的赞美，很多女人把对形象的追求和穿衣的标准事先设定在这个靶心上，结果误入歧途。

为什么我说这个暗示是恶毒的？因为它使女人自己成为破坏自己幸福的人，也使女人彼此为敌。女人一边抱怨男人不可信赖，抱怨越来越找不到忠诚的、懂得珍惜自己的男人，一边却又集体地、卖力地将男人训练成情感肤浅的类型……不是么？当越来越多的女人愿意将自己更多的肉体暴露给陌生人时，传递给男人的信息是什么？——女人是容易得到的，女人并不宝贵……与此同时，女人也在为街上的回头率和陌生男

铅笔裙代表一种状态，这种状态的名字就叫作——振作！

人贪恋的目光而沾沾自喜，她们以为这就是自己的魅力，不知道自己正在毁坏一个时代里女人原本该有的尊贵和荣美，不知道自己的爱人也正在观看别的女人并使得别的女人沾沾自喜……一个多么可怕的恶性循环！

最近我看到一个报道，说世界上百分之八十的男人认为女人最性感的是腿。当然了，因为那么多的街拍、那么多的设计都将三分之二的腿露出来，这个统计不是男人天生的爱好，是被这个时代和女人自己培育出来的数据！这是何等可悲。我们已经很难看到宣传渠道提倡女人的美善、温柔和珍贵，这使得女人忘记了真正能够让男人从心里依恋自己的美好品质——当女人把男人当成只有眼目的情欲动物时，男人就真的变成这样。

如果这个世界多一份端丽的美，多一个尊贵的女人，就为这世界培养了多一些有品位的男性观众。我有一位年轻的客人，她因为先生的公司将要上市而来做形象设计，随后，她欣喜地告诉我，她先生的朋友们要自己的太太学习她的打扮……这就是正面、良性的循环，你建造了自己的美好，也为这个世界传播了美好！我相信，男人是值得我们付出耐心的，他们完全可以成为忠诚的、有责任心的、充满爱心温情的伴侣，这不仅需要做妻子的努力，还需要每一个女人的努力——恢复这个世界本该有的纯洁美感！

玛亚提示

选择好品质的铅笔裙，羊毛或者高比例的羊毛混纺，这会让铅笔裙有高级的观感。

选择有分量的颜色，比如海军蓝、葡萄黑、蓝黑色、银行灰，或选择高雅的颜色，比如法兰绒灰、云灰、烟灰色、灰褐色、中、浅度的驼色、米色。

选择经典图案的铅笔裙，比如千鸟格、田字格、条纹。条纹一定要是斯文、低调的，不是那种休闲式的、美式的充满了力量感的条纹。田字格图案则不要超过两个色系，如果是在同一个色系或者只有两种相近的颜色是最雅致的。

在工作中，如果你是个行动派，或者想给人干练、积极的印象，就选择及膝长度；如果你想要表达一定的专业性、权威感，那么就选择到小腿肚的长度；如果你想要表达你的高贵和游刃有余，那么就选择快到脚踝的（在工作中这个长度必须搭配非常严谨的色彩才有职场感觉）。当然，这几种长度也可以运用到生活中，不过在生活中我们可以放宽对色彩和图案的要求，当然这就需要在上衣的搭配上做恰当的调整，相信拥有穿衣智慧的女士都能做到。

我特别欣赏母亲穿铅笔裙的模样，我永远都记得她穿着浅驼色铅笔裙的高雅。我到如今才明白她总是让认识她的人肃然起敬的原因，不仅因为她的谈吐和内涵，还因为她的穿着，在那个压抑的年代，她很智慧地保持了自己的格调。

如果你是个行动派，或者想给人干
练、积极的印象，就选择及膝长度；
如果你想要表达一定的专业性、权
威感，那么就选择到小腿肚的长度。

玛亚的衣橱

　　我的铅笔裙并不多，我只在工作中穿铅笔裙。虽然铅笔裙并非我的最佳裙型，但是我仍旧可以把它穿好。

　　我最喜欢的一条铅笔裙已经穿了七年了，但它还是那么沉着、有新意。烟灰色，上面有纤细的黑色、蓝色的提花条纹。它的腰头是最传统的那种，就是接上去的三厘米宽腰头，没有腰衬。我喜欢提花条纹，这意味着条纹不是印染上去的，是织出来的。它的长度是我最喜欢的，就是到小腿肚最丰满处。很可爱的是，它的裙摆拼接了一条13厘米的本色布，但是把条纹斜向摆放了，在裙摆的三分之一处，开衩。我爱它，大方、别致。这么多年，还是挺括，成分全羊毛。我曾经用它搭配一件蓝色底上有小碎花的真丝衬衣，外面加一件中灰色的卡丁衫，黑色船形鞋，去一个女性沙龙讲丝巾课。那天先生去接我时说："你真好看呀。"

　　很多女人都觉得到小腿肚的裙子太长了，那么可以选择过膝盖的长度。我并不排除有把短裙也穿得很好看的成熟女性，也许在气质上她具备一个特别的补充，可以使得缺少的那一部分裙长得到最美好的解释……愿人人美丽。

　　我有两条同款的铅笔裙，一条云灰色，一条深蓝上面有提花的浅灰色细条纹，它们都在胯部有三个抽褶，打破了铅笔裙的平面感。在抽褶另一边的裙摆有一个开衩，并由一个领带似的蝴蝶结作为开衩的收尾。这是为企业讲课时的好选择，既端庄又别致。

还有两条卡其色的铅笔裙，一条是全羊毛料，一条是全棉卡其布的。有两个后袋，很有点军旅的细节，是洒脱的铅笔裙，搭配白衬衣特别清爽，让我想到《走出非洲》。

一条酒红色平绒的铅笔裙。是需要一点舞台效果时的应景单品，有隆重的氛围，也有些英伦气质，用它搭配黑白千鸟格的 jacket 会产生含蓄的华丽感。

两条高腰的铅笔裙。我的腰围一直是小码，比我的衣服尺码小一码，高腰的铅笔裙是我可以驾驭得当的，配上翼形的衬衣有复古的风格，而且显得身材纤长。很多人问我如何保持腰围？我只能说得益于遗传，来自上帝的恩惠，我从未

黑白蕾丝的弹力铅笔裙搭配我的双排扣 jacket，具备强有力的女人味，很时尚，也很有力量感。

减肥，但是也从不暴饮暴食，而且从小不嗜好肉类。尽管我的腰围很有优势，但是我从不会为了凸显这个优势而刻意着装，因为形象最重要的是整体效果。我相信我有比腰围更为优秀的内容可以呈现，如果每次都为了腰部去表现自己的形象，我就成为一个单调的只有一个细腰的女人了，而我希望的是自己的形象能够超越身体的优势，给人一种整体美好的感受。

黑白蕾丝的弹力铅笔裙，是极好的下午茶风格。不过，在我的设计课程里，它也有很好的表现力，搭配一件有垫肩的jacket，具备强有力的女人味，很时尚，也很有力量感。

还有一条黑色呢绒的铅笔裙，纯粹是为了搭配冬季穿的长款大衣，以保持一个全身挺拔的线条，我喜欢任何天气里都有一个很好的精神面貌。穿着铅笔裙的冬日行走与穿摆裙的行走感觉是那么不一样，铅笔裙会让自己觉得格外利落、敏捷……有时，我很喜欢这样的感觉。

最佳配角：衬衣

衬衣从来不会嫌多。但是每一件衬
衣的功用都必须像白衬衣一样，有
沉默是金般的语言。无声地支持，
却缺它不可。

最佳配角：衬衣
Shirt

我真想说：

有时候，白衬衣是黑色的；

有时候，白衬衣是咖啡色的；

有时候，白衬衣是牛津蓝的；

有时候，白衬衣是酒红色的；

有时候，白衬衣是玫瑰奶茶色……

有时候，……

衬衣从来不会嫌多。

但是每一件衬衣的功用都必须像白衬衣一样，有沉默是金般的语言。无声地支持，却缺它不可。

如果上文提到的许多经典单品能够精彩出场的话，衬衣功不可没。

衬衣从来不会嫌多。但是每一件衬衣的
功用都必须像白衬衣一样，有沉默是金
般的语言。无声地支持，却缺它不可。

如果没有一件崭新的白衬衣，那件撒哈拉黄的羊绒 jacket 怎会表现得独特醒目？

如果没有一件咖啡色的衬衣，海军蓝的 jacket 怎会那么知性？

如果没有一件牛津蓝的衬衣，黑色的 jacket 怎会变得年轻学院派？

如果没有一件酒红色的衬衣，白色的摆裙怎会鲜活亮丽？

如果没有一件黑色的衬衣，卡丁衫怎会这么酷？

衬衣，是衣橱主干们不可缺少的搭配单品。

但是，衬衣常常会得到与 jacket 一样不公平的待遇，就是被归纳为职业装。

其实衬衣是非常好造型的单品，也很具独立精神。没见过吗，很多欧美街拍里，穿件衬衣的女生拿着一杯咖啡过斑马线都会在网络上热传。衬衣，大都会气质的单品，象征着男女平等的时代精神。

玛亚提示

作为职业女性，衬衣真的是你衣橱里必不可少的。如果你并不是特别钟情于白衬衣的女生，那么衬衣世界里仍旧有很多可以跟白衬衣一样精彩的单品等着与你相遇。

我在 20 世纪 80 年代就已经开始着迷于白衬衣，那时的时尚杂志不仅少，而且不流行宣传怎么穿着，白衬衣对我的吸引力来自我自己的穿着心得，这也使我懂得品味和留意其他的衬衣……所以，只要你决定寻

圣诞衬衣,由茄红、奶油黄、圣诞绿组成很温馨的田字格。配墨绿色、咖啡色、卡其色的卡丁衫,都很有节日气氛。

衬衣是非常好造型的单品,也很具独立精神。

黑色衬衣，我的工作常态。

找最适合自己的衬衣，那么你就一定会有所收获。

首先，看看自己的衣橱主干是什么？套装？裤装？半裙？以它们为轴心来搜索。假如发现新衬衣买来之后没有可以搭配的，你的方向就需要调整。除非，你找到与自己珠联璧合的衬衣，并且想要因衬衣重新建立新的衣橱，那么此项工程会比较大。

其次，配角衬衣的颜色一定靠近脸部，所以要寻找跟你自己很搭的颜色。如果你不喜欢素净的衬衣，那么可以使用一些有灰度的彩色，成为整体造型中那一抹生动的彩霞，同时也满足你内心对色彩的渴求……

衬衣的质地，天然最佳，比如全棉、全丝、丝绵，也有非常不错的人造棉，要查看和试穿感受它的透气性，而且它的观感手感要全棉化。

最后，学会利用衬衣的袖子，把它和外套的袖子一起卷起来，使造型中有活泼的细节。

玛亚的衣橱

我总是有一两件新的白衬衣，以备突然的需要，一件新衬衣会给我新的激情，我热爱"一切都新"的感觉。14件白衬衣，是我现在的"库存纪录"，两件新的，三件退休家居用。我看着自己的白衬衣，觉得它们可以再精简一点：不同质地的男式和女版，不同版型的，不同领型的……嗯，我检查一番，又觉得已经精简了。

我也很宝贝我的一些旧方格衬衣，比如墨绿色绒面全棉的方格衬衣，深紫色与深蓝色相间的格子衬衣，它们都是冬季型衬衣，结实、大方。我经常把薄羊毛衫穿在这样的衬衣里面，外面穿上大衣，看上去显得穿得很少，完全避免臃肿的感觉。南方冬天穿得少，显得健康年轻，是好形象的潜台词，这跟在冰天雪地的极寒地区穿得多是不矛盾的，天寒地冻里穿得多是富足温暖的体现。

还有一件圣诞衬衣，是从美国带回来的。由茄红、奶油黄、圣诞绿组成很温馨的田字格。配墨绿色、咖啡色、卡其色的卡丁衫，都很有节日气氛。我记得自己在试衣间里，独自寻味那份圣诞气氛时的得意，其时正是四月底。

细格子衬衣挺文艺腔调的，不是么？咖啡色细格子、蓝白棕细格子是我最喜欢的两件。它使素色的外衣变得有表情，领口袖口的一点点格子比起全身的图案更加引人注目，尤其，外面穿着法式的长款卡丁衫。

我的衣橱里绝对不会少了碎花的衬衣，蓝色系碎花，就像英式茶具的配色，那么安静；褐色系的碎花，怀旧、田园，使我陶醉；紫色碎花，梦幻的、有点惆怅的……小碎花，我从小就爱的小碎花，总是为我保持一些健康的多愁善感。小碎花——有节制的感性色彩。

那么，条纹就是——有节制的理性图案。

开个玩笑，我在会议中给自己"壮壮胆"时，就穿海蓝色底白色粗条纹的衬衣。天蓝色的细条纹，随便什么时候都能穿。深紫与深灰的条纹，纯粹个性色彩。

深红衬衣、酒红衬衣、灰色衬衣、巧克力色衬衣——我的最爱；七件黑色衬衣，工作常态。

有时潇洒的：阔脚裤和丹宁夹克
Broad Feet Pants & Denim Jacket

阔脚裤，并非高个子女人的专利，如果你有很好的气势、气场，阔脚裤简直就是你的身高增长器，因为它本来就很有气场——有气场是让人忘却你身高不够的"障眼法"。

有时潇洒的：阔脚裤和丹宁夹克
Broad Feet Pants & Denim Jacket

　　写到阔脚裤，我就想起多年前的一个雨夜，我提着一个购物袋，里面装着我刚买到的黑色麻料阔脚裤，奇怪购物袋怎么如此轻？才发觉里面的阔脚裤早已漏掉了，因为购物袋的底部粘得不严实……我沿着原路返回，一直找到专柜，不见阔脚裤。不过专柜重新补偿给我一条阔脚裤，因为他们看到了"凶手"——那个购物袋，觉得责任在他们。真是一个幽默。

　　阔脚裤，跟女人的裙装气质最接近的裤型。这也许是很多女人爱它的原因，一个潜意识里的理由，宽阔的裤脚有裙摆似的飘逸。

玛亚提示

　　阔脚裤，并非高个子女人的专利，如果你有很好的气势、气场，阔脚裤简直就是你的身高增长器，因为它本来就很有气场——有气场是让人忘却你身高不够的"障眼法"。

　　也有很多设计师喜欢在阔脚裤上钉花、绣花，我不建议选择此类，这些多余的细节会消灭阔脚裤本身的洒脱和简约，所以，选择简洁有力的剪裁是最好的。另外，不要选择低腰阔脚裤，除非你的腰短得看不见。正常腰位和高腰阔脚裤会让你穿得舒服而且很好搭配上衣。

　　丹宁夹克，是混搭的好单品，是淑女潇洒的造型单品。不过要选择质地精良的，不要选择刻意的破洞，就是唯恐人们不知道这是一件"破衣服"的破洞。要选择那些稍有磨损的"磨损型"丹宁夹克，好像因为穿着经年产生的破洞是最好的，颜色要干净。这样才可以补充一份淑女的浪漫和随意。精致的淑女气质与有磨损的丹宁夹克可以混搭出文明的潇洒，因为旷野型的粗犷让淑女驾驭会显得很滑稽。

阔脚裤，跟女人的裙装气质最接近的裤型。它并非高个子女人的专利，如果你有很好的气势、气场，阔脚裤简直就是你的身高增长器。

玛亚的衣橱

我有两条牛仔裤，都是阔腿型，一条是黑色，一条是高腰的蓝色，正常的牛仔蓝，没有破洞也没有磨损。它们都是旅行和工作出差时的好单品，坐长途飞机既能抵御越来越凉的空调，又不会越穿越累，随意而舒适，也很好搭配。下飞机时穿上一件风衣，露出宽宽的裤脚，显得真的……很潇洒。

还有一条是中灰色天丝的阔脚裤，配一双稍微尖头的船形鞋，很女人又很有气场。用它搭配丹宁夹克，让我想到一个词：铁汉柔情。我不会让牛仔裤和丹宁夹克同时出场，也许因为丹宁的质地不是适合我的最佳质地，更因为我不想这么单调地解释丹宁。丹宁，如果全身都是丹宁，丹宁的价值感就被削弱了，因为单调的全身丹宁就只能解释出丹宁的出生，而不能诠释它的进化。

我有两件丹宁夹克，我很难拒绝它，尽管我知道我的衣橱里可以没有它，但是因为青春的记忆，我还是精心收藏了两件。我在 19 岁时曾经有过一件丹宁夹克，我记得自己穿着它骑脚踏车的春天……那件丹宁夹克很小，我常常里面穿件弹力背心就直接套上它，很简洁，下面穿着一条黑色的长裤，平底鞋……那时的我，很少很少笑，在学校里，见到我笑的同学竟然会告诉其他人："知道吗，今天我看见她笑了……"那是我读书最多的几年，一本接一本，读一切我认为深刻的读本。那也是琼瑶小说最流行的时期，我就是那样想要用阅读和不笑的脸将自己跟世界和流行区别开来。独特，是我的追求。现在想来，是那么幼稚，又那

么宝贵，因为我看到自己对肤浅的
拒绝。我很感谢当年的自己，每当
有人问我，你怎么有时间读那么多
书时，我就庆幸那个穿丹宁夹克的
自己没有随随便便地奉献时间和笑
容。有些书是必须在年轻时阅读的，
只有那时的阅读才会成为自己生命
气质的一部分。

我总是很小心地搭配丹宁夹克，
除了那条天丝阔脚裤，我更多是用
碎花摆裙、真丝双绉的蛋糕裙、垂
坠的丝质长裙去协调丹宁的粗粝和
硬朗，带来丰富和适合自己的度。

我特别喜欢的是用咖啡色底的
碎花布摆裙和咖啡色衬衣与丹宁夹
克的搭配，曾经穿着它们去和女友
们喝下午茶。她们没有见过我穿丹
宁，都很吃惊我怎么会有件那么好
看的丹宁夹克。"原来还可以这样
穿……"她们中有人说。看呀，这

烟灰色天丝的阔脚裤，配一双稍微尖头的船形鞋，
很女人又很有气场。

就是潇洒的效果，女人潇洒时总是让人大吃一惊。

另有一次，是穿着裸色的真丝双绉蛋糕裙和抹胸，配上丹宁夹克，去赴女生们组织的自助晚宴。那种穿法也让她们议论纷纷，"我不知道还可以这样穿……"她们中有人说。因为她们都穿着小晚装。让我去当晚宴"评委"，评选出当晚最佳穿着，那么，评委是可以潇洒一点的，所以……感谢丹宁夹克，使我有时潇洒。

潇洒，对一个女人到底意味着什么呢？我问过自己，我的答案就是：洒脱地不去竞争。女人的比较心总是会多一些的，比较带来的后果无非就是心理的不平衡、不痛快……潇洒，将这一切都免了；潇洒，就是脱离竞争，站到跑道以外。

妥帖的美丽：内搭

Under Wear

内搭，就像一篇好文章里的标点符号，不仅是不可缺少的，也让文章的意境表达得更为完美。

妥帖的美丽：内搭
Under Wear

　　当我穿着潇洒飘逸的灰色天丝阔脚裤和干净的丹宁夹克时，里面常常衬着一件灰色 T 恤，是我在德国的加油站"硬"买下来的。那件 T 恤有很纯正的云灰色，做工精致，穿在加油站商场里的模特身上，只此一件。我跟店员磨了好几分钟，她实在想不透我为何那么喜欢一件 T 恤，就取下来卖给我了。我很少那么执著，但是我很清楚，那么简单明了的小东西里，有着我没遇见过的妥帖，错过了，就会一直想着，会一直假设如果有它，效果会怎样不同……

　　买件 T 恤，是天下最容易办到的事。然而，这件灰色 T 恤看上去不温不火的颜色，有着浅一丝就淡了、深一点就浓了的精准；精细的质地透着一种厚重、很值得信赖的可靠；高低合适、宽度适宜的圆领里有一个设计师可以领略的度……这，也是我选择内搭的原则：妥帖，绝不随便。身上有一件特别中意的衣服，那种感受是任何名牌都无法给予的，那是一种秘密的快乐。果真，当我第一次穿上那件灰色 T 恤时，我感觉它就像是为我量身定做的那样舒适，我没有用优雅形容过 T 恤，但是它真的是我的优雅的 T 恤。

内搭，就像一篇好文章里的标点符号，不仅是不可缺少的，也让文章的意境表达得更为完美。我曾经遇到过很喜欢用惊叹号的作者，看多了，就让人觉得好累；这就像喧宾夺主的内搭，过于强势闪烁，使得外套黯然失色。我也遇到过每个句子结束都用句号的作者，让人觉得他文章里的句子各自为政，互不相干；这就像跟外衣不协调的内搭，感觉衣服的主人家里没有镜子。还有的作者一"逗"到底，通篇都是逗号；这就像价值不菲的外套里穿了一件旧背心……

我们在穿 jacket、卡丁衫、衬衫，甚至衬衫裙时都会有用到内搭的时候，尤其在天气温暖的时候，我们的外衫里面不需要长袖内衣或者衬衣，可以用 T 恤、抹胸、小可爱背心来做凉爽造型。而衬衫和衬衫裙里如果有一件内搭，就可以营造层次感。

在 jacket 里穿一件白色 T 恤，不仅是时尚造型，而且也是有来历的造型，也似乎是明星街拍款，还是阿曼尼先生常用的谢幕造型。在 jacket 里穿一件黑色 T 恤，也是艺术家、设计师、导演的造型。灰色 T 恤，是国际通用款，它的表演性更少一些，但是你会发现它真的很酷，相比前两者，灰色 T 恤酷到你其实很少注意到它。

玛亚提示

除了黑白灰，你还可以寻找你自己最能驾驭的内搭。比如，沙滩色、深裸色，很多女人穿都很好看，而且能调动温柔气质，穿在咖啡色系的jacket里很好看。又比如，紫灰色，可以与灰色系的jacket搭配出很别致精巧的效果，让人觉得你是一个很有创意的人……

在内搭中，小可爱背心的款型最好是抹胸式背心，抹胸式背心是有肩带的抹胸。传统型的小可爱背心则是圆弧式的前胸线，但是弧形曲线式的小可爱其实不会显得可爱，对大多数成熟女性来说，它显得比抹胸式要老气一些，抹胸式的线条因为是直线型更具现代简约气质，所以会更有年轻都市感。

华丽的内搭，一般都像是复古内衣的豪华现代版，而且价格不菲，做工精美，这样的内搭穿在华贵的jacket里面，会显得气质雍容；或者随意制造出平价和大牌的混搭效果，则需要有明星大牌的时尚气质驾驭。不然，还是等到索菲亚·罗兰如今的年岁再添置此类内搭吧。

至于T恤，窄V领是个好选择。V领的两条领线必须是直线，不要选择圆弧线，后者更像内衣领。

圆领T恤，领口有几种高低，一是锁骨以下的小圆领，一是U形领，选择后者的话最好选择莱卡面料，有弹力，否则松垮垮的，不是大多数人能驾驭得了的。

玛亚的衣橱

　　我是那种坚持寻找自己一直都喜欢的东西的女人，我在不到 20 岁时就已经开始迷恋白色的 T 恤。我父母曾经最要好的朋友一家移民加拿大，他们的一双儿女从小跟我十分亲密。有年暑假他们回国探亲，我们那天不知怎么在他们家花园里玩水，大家都兴奋过度，弄到全身湿，Melissa 就拿出一件白色 T 恤和一条咖啡色棋盘格的布裙给我换上，然后被 Melissa 的父母叫进去说要录音带去加拿大听。我就坐在一台录音机前，发梢湿漉漉的，穿着 Melissa 的白色 T 恤和咖啡色棋盘格布裙唱了一首台湾校园歌，他们全都说好好听呀。Melissa 的爸爸立即命令再唱一首，但是我没有服从。Melissa 说："你把衣服穿回去，这样比较记得我。"

　　我将那身衣服穿了一个夏天。那种毕业前家庭浓烈的气息和青春的印记随时都会从一件白 T 恤里飘出来。尽管我还要好多年后才知道白 T 恤里马龙·白兰度和简·伯金的故事，但是白色的 T 恤于我的意义就是孤独的思念和独行的日子。对我来说，白色 T 恤意味深长，历史纯净，未来神秘，它的寓意总是等待着被填写。

　　我喜欢的白色 T 恤是窄 V 领的，跟 Melissa 给我的并不同。这是我在寻找白色 T 恤的过程中发现的最佳领型。但是白色 T 恤需要每年都添置新的，不管去年的那些穿得多么合身合意，如果不换新的，白色 T 恤就失去了意义，因为白色 T 恤一定要白！

　　U 形领的白色 T 恤，我会选择高级莱卡面料，它一件的价值可以买三四件白色 T 恤。这样的弹力白色 T 恤在胸前往往是双层面料，免得穿上身之后会有通透感，考虑得非常周详，一般只有品牌内衣专柜才有，也有一些品牌会为了系列的搭配效果做相应的此种设计。白色的内搭若是遇见合心意的就要多买一件。不要买太多，囤积的结果就是会发现白色会变黄，所以，还是每年都去寻找吧。我在买 U 形领的白色 T 恤同时也会多买一件黑色的 U 形 T 恤，它们都是我穿双排扣 jacket 的最佳内搭。

小可爱的背心，我也会准备两件白色莱卡面料的，为了冬季穿衬衣时穿在里面，既紧身保暖又不影响衬衫线条。还能使我直接套上羊绒大衣，绑出细腰来。

我有不少中性色的小可爱背心，黑色的小可爱背心我倒是选择曲线形的，因为我另有黑、灰、蓝的抹胸。

记得我在美国的 MaxMara 店里虽然没有找到想要的羊绒大衣，但是却因为买到了两件漂亮的内搭而开心非常。买了对的内搭，心里很有满足感，它们可以使很多衣服产生新意，给我的感觉是妥帖的。

买到能够给你妥帖的美丽的内搭，就一定买对了。

我的美丽属于你：睡衣和家居服

Pajamas & Leisure Wear

吸引自己的丈夫，是妻子的责任，
一个妻子很好地履行了这个责任时，
其实是在保守丈夫的圣洁。这就是
睡衣和家居服的重要性！

我的美丽属于你：睡衣和家居服
Pajamas & Leisure Wear

在我写这本书的时候，有一位女士问我："你正在写的新书有没有关于睡衣和家居服的？""没有。"我回答她。但是，我决定要写一些关于这两者的文字。因为它们占据了我们女人一生中很多的时间。

我在课堂上曾经讲过家居服的重要性，对于全职太太来说，家居时间也就是工作时间，如果你认识不到这点，你的丈夫整天看到的就是一个清洁工模样的女人，没有仪态，没有体态，没有姿容……这是你的损失。"又不出门，收拾那么好看干吗？"——很多女人就抱着这样的态度对待自己的家居生活。她已经忘了，自己最美丽的一面就是要给丈夫看到的，当初你不就是以最好的一面吸引了他，他娶了你，现在你难道要让他暗自后悔吗？

我曾经就读美国的一个全方位塑造美丽女性的课程，每个阶段的课程里，都有一个睡衣晚会，就是所有老师同学必须穿睡衣……但是，百分之九十的中国女生穿着都不合格。大多数中国女生的睡衣都是花衣花裤，其实是男士睡衣睡裤的翻版，宽宽大大，毫无美感。也有的穿了女儿的全棉卡通睡衣套装来。只有两位女士，一个穿玫瑰红的吊带丝绸睡衣，一个穿黑色吊带长款睡衣，大腿处镶有两片透明的蕾丝，被表扬合格。我自作聪明，认为不可能真的要求穿睡衣，就把夏季袒胸露背的白色吊带海滩裙穿了去，一眼就被识破——也不合格！

我的老师穿的是黑色的长款丝绸亮缎吊带睡衣，有一个高高的衩一直开到左腿的大腿根部……外面罩着一件相同面料的睡袍。当她缓缓地解开睡袍的腰带，露出里面的睡衣，伸出睡衣里裸露的腿时，所有比她年轻一二十岁的女学生都变成了丑小鸭……大家纷纷要求她带每一个人去美国买"惊艳"牌睡衣，因为那一刻她实在是艳光四射。

吸引自己的丈夫，是妻子的责任，一个妻子很好地履行了这个责任时，其实是在保守丈夫的圣洁。因为上帝祝福每一对夫妻的婚床，上帝要求丈夫被自己的妻子深深吸引，这样才能保持心意的专一。这就是睡衣和家居服的重要性！

玛亚提示

正如每一对夫妻的相处方式都会不同，每个做妻子的女人都可以跟丈夫沟通，他喜欢看你穿成怎样……

棉质的睡衣，虽然舒适，但是洗旧之后颜色和质地都不再雅观了，要注意更新。或者选择清新的颜色，穿你丈夫最喜欢的颜色也许是个好选择，比如浅薰衣草紫、雅绿。这两种淡雅的色彩是不少男士接受和喜欢的。睡裙会比成套的睡衣睡裤好看，很稀疏的、安静的小碎花会比热闹满花的棉布好看。

丝绸的睡衣会给卧室里的女人矜贵的观感。但如果你不是冷艳型的女士，请不要穿红色的丝缎睡衣，我看到过很朴实气质的女士穿红色睡衣睡裤，虽然是真正的丝缎，却显得十分俗艳。

旅行景点买的宽松的裤、裙，鲜艳的塑料拖鞋，毛巾晨袍，抓绒衫都是要拒绝的家居服。家居服可以舒适，但要有创意和设计感，不要把舒适当成随便的借口。

玛亚的衣橱

温暖和炎热的季节里，我都喜欢在家里穿得紧致一些。这样会给人很精神、很轻盈的感觉。平时在外我的穿着都不会是紧身款，就像以上你们所看到的那样。所以在家里，我会穿弹力的、紧身的，比如 legging，莱卡的黑色、灰色、墨绿色紧身七分裤，上面是弹力的棉质七分袖黑色、咖啡色、灰色、卡其色、白色紧身衣，外面有时会套上一件大大的 V 领棉 T 恤，领口露出里面的紧身衣的颜色，制造层次感……有些像在练功房。穿紧身的衣裤让我可以欣赏自己的体形，也检查自己的

体形是否保持得健康。当我这样穿着时，我会常有灵感和激情跟着音乐锻炼、舞蹈。写作和设计都是静止和劳累的工作，在音乐里舞蹈使我保持活力和敏捷。当然，这与我的丈夫喜欢看到我这样穿有很大的原因，他总是为我的体形、为自己是唯一的观众感到骄傲。

有时我还会搭一件薄薄的深红色羊毛衫在肩上，让两只长袖子随意地垂在胸前。我经常买这些紧身衣裤，公司的设计师看见我时常在香港"补仓"，会说："又买呀，好像才买过不久……"这就是棉制品需要经常更新的原因，过段时间它们就松弛、磨损起球了，如果你想要棉质地的衣服穿上去有好效果，就必须常常更新。

不再温暖的季节，我会在家里

当我这样穿着时，我会常有灵感和激情跟着音乐锻炼、舞蹈。

V 领棉 T 恤 + 白衬衣 + 莱卡的黑色紧身
七分裤，制造层次感，有些像在练功房。

穿紧身的衣裤让我可以欣赏自己的体形，也
检查自己的体形是否保持得健康。

穿得可爱一些。可爱的舒适会除去舒适容易带来的邋遢感。

黑色的芭蕾缎面羊皮底软鞋是我的家居鞋，也是去客人家做衣橱整理时穿的鞋，因为拖鞋是最能破坏整体形象的。

至于睡衣，既然已经说过，最美的应该留给丈夫，所以在这里就不赘述了。

对女人来说，比睡衣更重要的是神秘感。

柔软的支点：腰带

Belt

对于一般的身材而言，也就是五五分的上下比例的身材，腰带都能起到令人振奋的效果。有时，所谓的"存在感"就是需要这一笔令人振奋的点睛之作，自认为身材平平的人会因此而发现自己完全可以拥有惊艳造型。

柔软的支点：腰带
Belt

　　每次看到有关奥巴马夫人品位的报道，我就再次地感到时尚的势利；每次看到有关奥巴马夫人对腰带的运用的文章，或者那本赞美她时尚品位的书里对她很会运用腰带的描写，我就冒汗。时尚啊，你不是在安徒生童话里上演过的皇帝的新装，你常常都在上演活生生的皇帝的新装，面对显而易见的错误，面对根本不存在的品位，不知是你的谎言蒙蔽了很多人，还是很多人都喜欢皇帝的新装？

　　我常常厌倦了时尚，常常想要远离时尚，因为很多的谎言……

　　单刀直入吧，奥巴马夫人根本不适合用腰带，因为她是极其典型的25：75比例的身材，而且骨架很大，她的肋骨下缘和髋骨上端之间的距离极其短，造成上半身非常局促的比例。而当她使用腰带的时候，她的上半身就显得更为"拥挤不堪"。尤其在她使用宽腰带时，每当她行

米歇尔穿黑色一件式连身裙不用腰带时,她的身材和女性气质都舒展与妩媚多了。

奥巴马夫人根本不适合用腰带,因为她的身材
是极其典型的 25 : 75 比例的身材。

我希望腰带上的蝴蝶结既有女性气质，
又有自由飞翔的变化和动感。

走，腰带的上沿就不断向上"走"，几乎要碰到胸部了。最令人窒息的是，她甚至还使用过像腰封一样的咖啡色腰带，搭配一件芥末黄的卡丁衫两件套，整个腰带已经被她的髋骨顶到了胸部，已经快要成为抹胸了，卡丁衫被挤得一团糟……实在不雅，百度一下，这张照片不难找到，是我的品位课堂上很有力的反面案例。

女人的腰带是女人身体语言里柔软的支点，不应该成为威风凛凛的武装带，这就是米歇尔用腰带给人的感觉——既夸大了她的身材比例，又不适合她的气质和身份。米歇尔穿净色一件式连身裙不用腰带时，她的身材和女性气质都舒展与妩媚多了，为什么从来没有一个人站出来告诉她？

在赞美她的时尚作家的笔下，还特别强调她的好品位是喜欢有铆钉的腰带。对于一个身高一米八、骨架很大、颧骨很高、当总统夫人而不是冷兵器时代女王的米歇尔来说，不论腰带的粗细，她选择有铆钉的腰带只会加强她的雄性气质。时尚啊，你真是失败，你已经没有了规矩！只要一个女人爬上了权势的巅峰，你就把她奉为时尚吗？时尚，应由真理掌权的！

不正确的时尚偶像经常会误导人们对时尚的美好理解，并且扭曲更多的形象，这是令人痛心的！我对米歇尔本人没有偏见，我只是从一个专业的角度看到她有不少十分不得体的穿着要素是需要更正的，建立得体的高尚形象，难道不是第一夫人的责任么？

玛亚提示

如果你有和奥巴马夫人一样的身材，你完全应该省下投资在腰带上的这笔预算，多买几件一件式连身裙，无需腰带的那种。我见过米歇尔上时尚杂志的一条小黑裙，感谢上帝，他们给她穿了一条简约的小黑裙，还遮住了她粗壮的膝盖……使她显得雅致了许多。

如果你也属于上身稍短的体形，你可以在一定要用腰带时将腰带系得松弛一些，让它垂在腰线之下，当然还要看看你的装束是否可以使用这样的系法，比如，长款的素色衬衣就可以这样系。这样整个人看起来就轻松了。长腿是一个优点，但是这个优点不能成为让你的上半身显得臃肿的原因。

有小腹微凸现象的女士，不要把腰带扎得紧紧的，这样只会突出腹部，除非你穿着下半身宽大、能掩饰腹部的裙子。松松地系腰带，让它离开腰部最细的地方，反而能够掩饰你的腹部。

对于腰身长、腿短的女人，腰带真是福音，它的确有拉长腿部的视觉效果，改善身长腿短的问题。一条过膝的连身裙和一条腰带，真的能重塑你的体形，使它显得更为匀称。

对于沙漏形体态的女人，腰带跟珠宝一样重要，它能够使你丰满的胸部带来的胖的感觉一扫而光，使你的身材变得玲珑浮凸，曼妙非常。东方的女士如有丰满的胸部，一般都会给人有点胖的感觉，因为东方人的脸形都不够骨感，脖子不够长，很容易有这样吃亏的效果。但是腰带却能够为你平反，让人知道你的身材仍旧苗条。

女人的腰带是女人身体语言里柔软
的支点。

　　对于一般的身材而言，也就是五五分的上下比例的身材，腰带都能
起到令人振奋的效果。请注意"振奋"二字，我一点都没有夸大，振奋
就是会让人眼前一亮，提神、醒目！有时，所谓的"存在感"就是需要
这一笔令人振奋的点睛之作，自认为身材平平的人会因此而发现自己完
全可以拥有惊艳造型。柔软的支点，就是在此刻展现出它全部的魅力，
就像一个提醒——嗨，原来你这么美！

　　东方人有不少梨形身材，其实这种身材挺有女性魅力的，我就为不
少梨形身材的女性设计过形象，使她们看起来很有女性魅力，也很挺
拔……其中的武器之一就是腰带！梨形身材的女性常常为下半身的丰满
而苦恼，其实只需要选择一条裙摆稍宽的连身裙，加上一条适中的腰带，
就可以让她的下半身自由自在地行走于一根腰带之下了。腰带会使她看

到自己的苗条，稍宽的裙摆会释放下半身在自由里。当然，裙长要过膝，裙摆水平线最好是在小腿最粗的地方下面一点点……这样全身展示出来的都是自己满意的部分了。其实，下半身丰满的女士穿上恰如其分的铅笔裙，配上中型的腰带也是很好看的……

俊酷的黑色、复古的咖啡色、淑女的浅卡其色、纤细的伦敦红都是可以收藏的好腰带颜色……腰围不够纤细的女士，太宽太细的腰带都不适合，请按身高选择中庸的宽度。身材修长、腰部纤细的女士，可选择的范围远远超过以上要求，不过要注重品质！

红色的腰带，请在法国和英国的时装品牌中选择，它们的红色很动人，它们的腰带是为时装设计的，反而比以设计皮具出名的品牌有分寸。

我曾经在香港看到一个女生，30多岁的样子，不化妆的那一类女士。为什么知道她是不化妆的那一类？因为她的发型是烫过一年之后还不整理的马尾，她的鞋是旅行用的Nike跑鞋，她的包是又大又软的饺子包，这样的女士，通常都是顽强的、不化妆类型的。她也会用品牌，比如脚上的Nike，和她正在尝试的路易·威登的腰带，就是黑色底上有许多彩色的梅花和字母，很硬很厚，腰带扣由大大的两个字母L和V组成的那一款腰带。她正在费劲地把腰带穿进牛仔裤的裤袢里……

我很想告诉她，那款腰带不适合她，我很想劝她别浪费那个钱……但是我忍住了，我常常要忍住才不去给陌生人提意见，有时真的令人心痛。我想我的冒昧并不能改变她，因为她需要改变的地方不是一根腰带，她需要了解何为美。不是穿上了Nike和系上了有LV字母的腰带就实现了穿名牌的梦想。我们女人关于美丽的梦想，应该是找到那些让别人认识你、记住你、看到了你的聪明眼光和独特巧思的可实现的梦！

玛亚的衣橱

我收藏了很多腰带，感谢上帝，使我遗传了母亲的纤腰。尽管我比母亲高了足足七厘米，但是我的腰却跟她一样，一直纤细，而且不是靠保持锻炼而来。小时候，我记得用一条对折后的手帕就能围住我的腰……每到夏天，总是有人对我说："喔，你瘦了好多呀。"因为在夏天，我经常在连身裙上系腰带，很多看见我的腰围的人都以为我减肥了，这都是我的圆脸形造成的误会，我已经习惯了这种令人"恼火"的误会，多亏有腰带！

想想你是否也有和我一样的脸形，那么你需要买的不是瘦脸霜，而是腰带。许多脸部瘦削的女士，却常有一个不细的腰身，但是她们却常常给人以瘦削的感觉。我有一个要好的女友，脸特别骨感，中等身材，三围几乎一样。她穿裤装特别好看，喜欢收藏偏男性化的腰带，用在裤装上，制造出独属于她的又酷又帅的风格。她的个性也跟她的风格很像，大条神经，大气利落。人人都有一份美，腰带不是专属于细腰的。

我喜欢蝴蝶结腰带，但是蝴蝶结腰带很标识化，总是那一只蝴蝶我就觉得有点腻了。而且蝴蝶结的造型都过于对称、甜美，我希望腰带上的蝴蝶结既有女性气质，又有自由飞翔的变化和动感。所以，我自己设计了一款腰带，柔软的光面小牛皮，它最让我心仪的就是可以随意绑出不同的蝴蝶结，有时左边的翅膀长点，有时右边的翅膀长点，有时活泼俏皮，有时端丽文静……拿在手上，它只是一根连腰带扣、腰带眼都没有的软软的皮带，可是几秒钟之后，就会魔术般地变出蝴蝶结来，有时还可以把蝴蝶结转到身后去，给前面的腰身一个简约造型。这款腰带非常受欢迎，因为它浪漫而又实用。有黑色、粉色、卡其色、蓝色、白色，很少有人不喜欢它。

我喜欢稍微宽一点的腰带，我喜欢细腰带，我喜欢四厘米宽的中庸的腰带；我喜欢牛皮的腰带，也喜欢羊皮的腰带、麂皮的腰带；我喜欢中规中矩的淑女小腰带，也喜欢酷感漆皮的硬腰带和金色的弹力金属细腰带……我喜欢黑色的腰带、深咖啡色的腰带，也喜欢米色、蓝色、墨绿色的腰带，同样喜欢中性色的腰带……这都是我拥有的腰带。如果有什么是我不喜欢的，可能就是蛇皮纹的腰带吧。

我喜欢买腰带，也喜欢设计腰带，我喜欢智慧的腰带。在我收藏腰带的经验里，我发现最有用的腰带都有惜墨如金般的可贵特质——颜色纯正沉着，皮质上乘柔韧，腰带扣或大气低调或精致节制，尺寸绝不为难衣服，因为尺寸夸张的腰带会让衣裙显得局促。

夸张醒目的腰带，可用的时间不会太多，比如很宽的、很亮的、很鲜艳的，皮带扣很夸张的腰带我几乎完全避免，因为其实能与它们搭调的服饰很少，它们就像夸夸其谈的人，几分钟后就令人厌倦了。而且夸张的腰带需要有一股架势去驾驭，要么你就张扬、明星风范十足，要么你就冷酷无情，整夜不说话。唉，想想都累呀。

选择那条让你振奋起来的腰带，而不是为虚荣劳累演出的——其实，哪样服饰不该如此呢？

无声的表达：胸针

Brooch

胸针是那么具有表达能力，它就像一句话，有时甚至像一段话、一篇文章……是有生命力的佩饰。它不是在表达和堆砌钻石与珍珠，它以自己生命的形象给予另一个生命某种特定的解释——关于某天、某处、某件事……意味深长的胸针，意味深长的用法。

无声的表达：胸针
Brooch

胸针是所有首饰里我的最爱。

以前我为胸针写过一篇文章《胸前一枚辛普森》，里面讲述胸针给我的启蒙教育。戴首饰有时是一种礼节，表明我们所到的地方所见的人所需的隆重程度和格调。

金钱意味浓厚的首饰，往往难以得到品位的资格认证，原因是，它就像过于美貌的女人难以让人相信她的美德和智慧。除非这种首饰附带了一桩极美的历史，让人忘记了它的价格，记住了它的意义……这就是胸针与其他首饰的区别。因为胸针的造型、设计对于胸针本身来说比其他种类的首饰要重要得多，胸针的材质和用料也都排在它的设计之后。这就是在奥尔布赖特的胸针故事书里，那几枚陶土、玻璃造的胸针也显得那么宝贵的原因。

胸针是那么具有表达能力，它就像一句
话，有时甚至像一段话、一篇文章……
是有生命力的佩饰。

胸针是那么具有表达能力，它就像一句话，有时甚至像一段话、一篇文章……是有生命力的佩饰。的确，因它常以生命的形式出现，比如，一只飞鹰、一片枫叶、一棵树、一只鹿……它不是在表达和堆砌钻石与珍珠，它以自己生命的形象给予另一个生命某种特定的解释——关于某天、某处、某件事……意味深长的胸针，意味深长的用法。

我很喜欢看法拉奇佩戴胸针的样子。全世界的名女人，可能只有她可以用冷峻来描绘。尤其是中年以后的她，气质上似乎已经去除了女人的一切肤浅，唯独剩下衣襟上的胸针，继续散发出幽幽的女人味……但却透露着威严和深沉。她的胸针好几枚都是卡地亚的，知了、驯鹿，她甚至也有一枚著名的猎豹胸针，别在她那件威尔士亲王格纹 jacket 上，一派王者风范。难道不是么？无人否认她是世界第一记者。那枚猎豹胸针，在法拉奇胸前与在温莎公爵夫人胸前的感觉是如此不同，法拉奇自己就像猎豹，温莎公爵夫人的猎豹则更像猎物。

胸针也完全改变了我对奥尔布赖特的印象。从前我看到她和有关她的消息就直接跳过去，我觉得这是个乏味的、令人头疼的女人——谁让以前的报道从不提她的胸针呢？！直到一位可爱的女士送给我她撰写的有关胸针的书，我才发现奥尔布赖特动人和可爱的一面。有哪个政治家将那么多的胸针带进政坛呢？她太可爱了，甚至普京都发出警报——要留意奥尔布赖特的胸针！这恐怕是有关胸针最强大的说明了。读到那里我真开心呀。

坦白说，我并不完全喜欢"女为悦己者容"这句话。我不认为女人只是为了所爱的男士而打扮的，而且我从来也不仅仅是为了我爱的男士而打扮的。在我开始打扮自己的时候，我爱的人还不知在何处呢！如果一个女人只是为男人而打扮，那么打扮的快乐是会打折扣的。我热爱那些体现出女人的聪慧、创意、坚毅、能力、知识、真实的穿着和打扮！这就是我热爱胸针的最大原因，因为在所有的佩饰中，它虽然不能强化我的身材、不能增添我的好气色，但是它却能表达我的理想、我的心志、我的胆识！

胸针在我心里是无价的，它既古典又永恒，因此也能很现代！

玛亚提示

我经常鼓励女人收藏胸针，我知道她们有一天会为此而自豪。不过，不是所有女人都适合戴胸针，就像不是什么胸针都适合我这个热爱胸针的人一样。

我发现，摩登 T 台型和芭比娃娃型、LOGO 型的女士，不适合戴胸针，胸针会使她们显得老气，个中原因也很奇异，这些类型的女士也刚好是最为恐惧年岁老去的一类。总之，胸针在她们身上不知别在哪里才好，无处安身。

着装属经典、怀旧浪漫、淑女、都市现代风格的女士都适合佩戴胸针。那些热爱简·奥斯汀、夏洛蒂·勃朗特、伊迪斯·华顿、克里夫·S.路易斯和托尔金、艾米莉·狄金森，也喜爱《简·奥斯汀书友会》《荒漠甘泉》《悲惨世界》《小妇人》《上班女郎》《哈里·波特》《蜘蛛侠》和纽约的女人都会适合佩戴胸针……胸针会和她们心爱的世界一拍即合。

不要选择没有灵魂的胸针，就是那些仿水晶的花朵，即使是施华洛世奇的胸针，也要用心去感受一下，看它是否有灵魂。不要只因为是知名品牌而购买胸针，尤其对胸针而言，不可冲着品牌而去。

有灵魂的胸针会使你激动，你就像听到了某句你自己曾说出口的话语那样对它心仪——有灵魂的胸针能使人感到它表达了自己内心深处的某种情感。

玛亚的衣橱

我无法说出我最爱的一枚胸针，因为有好几枚胸针都是我的最爱，如果我在某天用到它们，必定因为那一天对我很重要。

第一枚胸针是一枚金的十字架胸针。我在以色列伯利恒酒店看到它时，立即知道——这就是我的。那天是我的生日，我和丈夫走进去问老板它的价格，他报出价格后我们问："只能如此吗？"老板是犹太人，看着我们俩，不语，笑了又笑。我有点不安，他为什么笑啊？然后，那个犹太人用口音浓重的英语，掌心向上朝我伸出右手掌，说："You are beautiful."然后仍旧掌心朝上转向我丈夫说："You are beautiful, too."然后他拿出计算器，在上面打出一个优惠的价格。我们都不敢相信，最会赚钱的犹太人对我们那么大方！我的丈夫谢了他并告诉他那是买给我的生日礼物。买单的时候，犹太老板从柜台里拿出一个镶嵌着红宝石的小本子和一支镶着红宝石的笔对我丈夫说："这是给你妻子的生日礼物。"

我收藏的胸针。

我们谢了他，很开心，觉得被犹太人祝福实在是一件不同寻常的事，一件幸运的事……

我立即将十字架胸针别在我的围巾上。它显得纯正安静，稳如磐石。在以色列，我们见过很多十字架，它就是让我一见钟情的那一个。每个人都该背起自己的十字架，我找到了我的。我想起自己婚礼上的那首歌："求你将我放在你心上如印记，待在你臂上如戳记……"在随后的旅程中，很多人问我那枚十字架在哪里找到的，当他们找到那家店时，得到的答复都是没有了。我想那就是为我的生日预备的礼物。每当我佩戴这枚胸针，我就再次感受到深沉的、永恒的祝福！

第二枚是黑水晶的银箭，英国手工制作。我第一眼看到它时，就被它的气势所吸引。它充满正气，笔直挺拔，就像永不失败的利器，同时兼具凛然脱俗的美感。当时我并没有想过要拥有它，因为它似乎跟我的着装风格有些差异，但是我就是无法不被它吸引……突然，我想起在纽约的布鲁克林教会，Lily 在我身前为我祷告的那句话……它就像那句话！我才明白，我的视线为何无法离开它。于是，我毫不犹豫地决定让它成为我的胸针。后来我发现，每次佩戴它，它都会让我更加爱它。

第三枚胸针是珍珠 K 铂金胸针，是我结婚纪念日的礼物。它干净单纯，就像我得到的爱。我最喜欢将它别在黑色的羊绒大衣、黑色衬衣、卡丁衫或丝巾上……它的精巧轻盈带来雅致的格调，同时，它显得非常安静。在结婚纪念日，我曾带着这枚胸针和丈夫一起在香港喝龙虾酥皮汤，回味我们婚姻里那朴素的甘甜和平安的温情。关于这枚胸针，他问我："你喜欢吗？"我说："我喜欢。"

第四枚胸针是一只鹰，也是银质的英国手工胸针。它并不大，但是羽毛上的纹理却制作得十分细腻。这只鹰的造型和动作敏捷、勇猛，充满了力感。我喜欢在冬天用它，在呢绒和粗花呢的面料上，它显得非常生动。鹰的含义也是我极其欣赏的。比如《圣经》的诗篇中所言——"他用美物，使你所愿的得以知足，以致你如鹰返老还童。"鹰很有智慧的地方是它懂得等候，等候合适的气流，当适合它的气流来到时，它能够轻省地随着气流盘旋上升。鹰也很坚强，它是最为长寿的鸟，最长能活到 70 岁，不过只有三分之一的鹰能如此，一般的鹰都只是活到 40 岁，因为 40 岁时，它们的喙会变得弯曲不利于啄食，而鹰爪则变钝。如果一只鹰决定要活到 70 岁，它需要经历 150 天的重生。它会选择一个悬崖，住在上面，不飞行，每一天在岩石上敲打它的喙，直到喙完全脱落。等新的喙长出来之后，它就开始啄自己的鹰爪，把旧的鹰爪全部啄掉，为了长出尖锐的新鹰爪。最后，还要将自己越来越粗重的翅膀一根一根地拔掉羽毛，直到长出轻盈的翅膀……这就是鹰的重生。我总是在想，那其余的三分之二的鹰为何不选择重生？不选择多 30 年翱翔的生命？

珍珠类　　以珍珠为材质的胸针，是我一向关注的，不同颜色的珍珠胸针可以和不同的衣服来搭配。细小的珍珠可以搭配精致文雅类的衣服，能够体现衣服的质感。黑色、灰色的珍珠可以带来些许的神秘感……仿珍珠的胸针很有造型感，需要重手笔时用。

银质类　　纯银制作的胸针有复古的欧洲情调，也大多是从欧洲淘来。锦鸡、浆果叶、树枝、天使与鸟都是英国胸针常用的造型。

鱼的主题　　小鱼胸针是在英国教堂里找到的，贝壳鱼胸针是手工制作的以色列胸针，是在彼得堂附近买的。我很喜欢鱼，它不仅是丰盛的象征，而且也寓意着神迹奇事。圣经故事里著名的"五饼二鱼"使鱼常常成为西方世界的设计元素。

花的主题　　我想，女人对花是毫无抵抗力的。我看到花的胸针，简直想全部带回家……这几枚色调怀旧的花儿胸针，都是在以色列找到的。白色石头上手绘花的胸针则是在佛罗伦萨找到的，据说是当地很有名的石种，可惜我不记得名字了，只记得那店里的老板一点价都不肯讲，让我想到《威尼斯商人》。咖啡色绢花胸针，其实不是绢做的，是很硬的钢丝网叠卷而成的……看似柔软，其实刚强。这是我喜欢的品质，因为没有坚强，就无法成就优雅。

蝴蝶结　有花怎能没有蝴蝶？蝴蝶结也是一种女人情结吧，不过我的蝴蝶结胸针并不多，黑色的这枚是英国的，非常立体、古典；黄铜的那枚是丹麦的，它最别致的是在镂空的图案上，下面垂吊的那颗绿水晶带来可爱的动感……

圆形胸针　如果不写这本书，我也没意识到自己有这么多圆形胸针。也许，圆形总是让人感觉舒服吧？三枚正圆形的胸针分别是美国、英国、以色列的，三枚椭圆形的胸针分别是瑞典、美国、英国的。其中，我最爱的是那枚瑞典的，由铜和一种半宝石制成，上面有手工雕绘的树枝，有点萧瑟的意味，但是却像名师笔下的悲剧，有不同凡响的气度。它很可爱的是，另备有一条项链，不做胸针时，可以当成项链佩戴。

老胸针　原来最爱老胸针，不过，已慢慢从这种喜好中淡出。只是这一枚我特别喜欢，非常简约、沉着，黄水晶和银已经被时间抚摸出珍贵的痕迹……是装也装不出来的老。

趣味胸针　公鸡的水钻胸针我会在去法国时戴上，当成应景之物，顺便散发一点幽默感……别针是最常见的办公用品，做成胸针，有一种特别亲切的情趣在里面，有时需要用别针固定大围巾时，就可以用这一枚。果树胸针是在美国的恐龙博物馆买的，为了给几个要好的小朋友买礼物，就给自己也买了一个，显得笨笨的，像儿童画，我喜欢。

　　我喜欢在旅途当中收集胸针，一是因为中国很少有人做得好胸针，二是因为我喜欢远方的故事，喜欢自己的旅程，喜欢自己的生命。

我在说话：项链

Necklace

项链离脸很近，当项链和脸上生动的表情同时出现在他人的视线里时，你的话语、你的笑、你的表情都会跟项链形成一体或者成为对比，这就是你的项链所展示的一切。

我在说话：项链
Necklace

我曾经很喜欢项链，只要打扮我就会往脖子上放一条项链。慢慢地，我不再对项链充满欲求，开始简化颈上的语言。

当人对自己了解得越深，要求越高，同时也会对服饰的需求达到更合理和更恰当的境界。多，不是最难做到的；度，才是最难做到的。

当一个人佩戴了项链，她的项链就会帮助她散发出某些信息……我常常在听一个人说话时，把目光落在她的脖子上，因为她的项链在对我诉说另一些话语：

——她很传统忠诚，但有些无趣。

——她喜欢创意，不过她的知识需要更新了。

——她受洗多久了？她每周都去教堂吗？

——她很有钱，但那是很久前的事吗？

当一个人佩戴了项链，她的项链就会帮助她散发出某些信息。

——她很野性，但是压抑着……

——她眼光不错，不过并不自信。

……

项链离脸很近，当项链和脸上生动的表情同时出现在他人的视线里时，你的话语、你的笑、你的表情都会跟项链形成一体或者成为对比，这就是你的项链所展示的一切。

英国女王脖子上的三层珍珠项链和杰奎琳·肯尼迪脖子上的双层珍珠项链都是那么令人印象深刻，仿佛就是她们生命的象征一般美丽真实。杰奎琳成为奥纳西斯的杰奎琳之后就没有戴过双层的珍珠项链了，因为那已经不是她的生命状态了，她的生命到了戴巨型钻戒的时代，钻戒沉重得使她的无名指都耷拉了下来……人们所纪念的她传奇般的美好与智慧都是关于杰奎琳·肯尼迪时代的……

我把米歇尔·奥巴马的珍珠项链称为竞选项链，因为那串双层项链是从模仿杰奎琳·肯尼迪而来，与她总是不能融合到一起，与她的服饰品位也无法相容。果真，当她的丈夫竞选成功之后，她也就很少戴那串项链了。

安娜·温托很少用配饰，我注意到她只戴过一条很纤细的金色十字架项链，非常精致小巧，但是却给她带来一种精神气质，使她显得深沉……

玛亚提示

别时时刻刻戴着同一条项链，人的坚持在心里，外在的执著表示有时会显得固执、狭隘。

别把护身符当成项链，那反而使你显得没有安全感、缺乏信心。世界上没有可以真正用来护身的护身符，你透露出来的任何迷信色彩都会使你的形象大打折扣，因为这些配饰透露了你的惧怕、你的担忧。那些用来招财、招桃花、升官发财的水晶项链只会透露出你对世界的欲望，你个人气质中的俗气就是由此而来。包括手腕上带的木头珠子一类，如果都是这些欲望的代表，就会使得形象小气，至少，这是国际化形象、都市形象中比较忌讳的元素。美好的形象，首先就是健康、阳光、生机勃勃的，那里面没有忧虑、没有胆怯害怕！

英国女王脖子上的三层珍珠项链和杰奎琳·肯尼迪脖子上的双层珍珠项链都是那么令人印象深刻，仿佛就是她们生命的象征一般美丽真实。

很奇妙的是，十字架项链却是公认的国际化时尚元素，不论多么大胆创新的品牌，比如 Vivienne Westwood，比如 Dolce & Gabbana，它们的作品里都会有十字架这个元素。因为十字架是整个西方世界公认的文化元素，整个欧洲的文明史是建立在一本《圣经》的基础之上，这已经是世界公认的事实。这也许就是安娜·温托这位纯粹时尚行业里的精英带上十字架能够显得好看的原因，真正有文化的美感是在你不理解之前就已经能用视觉接受的。做设计、从事文学的人如果不了解欧洲文明、不了解《圣经》，是很难真正理解大师精髓的。

戴玉石吊坠的项链也要特别注意，如果像奥尔布赖特的翡翠胸针那样有设计感，集古典与现代于一身的玉石吊坠，是可以佩戴的，否则也会使形象有局限感。

另一类会带来局限感的项链就是具有民族化元素的，比如尼泊尔项链，在做波西米亚造型时最适合用，属于很休闲的饰品。

形象的局限性，就是那些让人一望而知的东西，一些非常地域性、本土性的文化元素。耐人寻味的形象，就是没有局限性、给人想象空间的形象，这才是有魅力的形象。

你会注意到，真正吸引你的人，不是她的身上有什么让你知道的、明确的包装，而是具有一种吸引力，这种吸引力可以透过她所有的服饰细节展示出来，并且使你浮想联翩。你会对自己说："她也没用什么特殊的东西，为什么显得这么好看呢？"当然，这个"她"必须是一个有内涵、有积淀的人，才能达到如此效果！

玛亚的衣橱

我在 25 岁那一年，母亲送给我一条纯金的十字架项链。很自然的，在所有的项链中，我最喜欢的就是十字架项链，还有就是珍珠项链。

为了搭配冷暖两个色系的着装，我的项链也会围绕这两个色系来收藏。我有好几枚十字架项链。纯金的太黄，而且设计跟不上我的衣服，所以早就不戴了，但是每次拿出来看时，总是深深怀念母亲温暖的心贴心的爱……也许，等我很老很老的时候，戴起来又会很好看了。

K 金的十字架项链，我收藏了两条，一条美国的，一条意大利的，美国的这枚十字架很像在两根木头之间用草绳紧紧地绑住一样有力而又厚重，意大利的那枚则用淡淡的紫水晶固定两根木头的交接处。十字架是镂空的，镂空图案让我想到圣经中的天梯……在国外看到的十字架，最难得的是你能从那些设计中感受到设计者对信仰的理解和发自内心的虔诚，这才是设计中的真文化。文化不是一个品牌有多少年，也不是一

十字架项链。

个品牌创始人的发家故事，这些事其实与使用者毫无关系，也不能给予使用者任何帮助！文化是能够给你精神力量和精神气质的可望之事！

我咖啡色系的衣服是很多的，每次用这两枚金色十字架来搭配，总是相得益彰，偶尔我也用一枚天使的方形吊坠替代，也是在意大利淘来的。

我还有一条钻石的十字架项链，用来搭配冷色系的衣服，是丈夫送我的生日礼物。我挑选了一枚最细小的钻石吊坠，丈夫问："会不会太小了？"我说："我可以用。"我不想让过多的钻石抢去了十字架本身的含义，因为过多的钻石会带来价值感，但这不是十字架本身的意义。第二，我可以驾驭很细小的配饰，这是我的风格元素之一。

还有几条珍珠项链，一条白金吊坠的，也是丈夫送的；还有一条是金链与小珍珠相间的长项链，分别用来搭配冷暖色系。还有几条是珍珠链，大小、长短不一，根据具体需要来决定用哪一条。

长项链也是我喜欢的款式，可以在穿

圆领时制造一个新的领型假象，同时有飘逸感。

　　趣味项链是用来印衬一些特殊造型的，为形象增加活泼生动的语言，但是只在特定场合、特定时刻用，也是以精致为主。

　　回想当年自己对项链的永不满足，再看看现在简单的首饰盒，我觉得很安心，很惬意，因为它们让我总是从容淡定、简明扼要。当然，我不会一生都只用这些项链，我相信，前面的生命自会有新的预备，我不用为未来去收集，因为我还没有看到我未来的样子，我的形象会带领我做新的选择。此刻，我要安然活在此刻的美丽里。

我在工作：拎包与腕表
Bag & Wrist Watch

拎包和腕表一样，需要有冷暖两大色系的预备。黑色的正装拎包和冷色调的腕表可以相伴出场，而咖啡色拎包和金色腕表自然就是好搭档了。

我在工作：拎包与腕表
Bag & Wrist Watch

　　米歇尔·奥巴马让我欣赏的有一样，就是当人们问她最喜欢的配饰是什么的时候，她回答："我的丈夫。"是的，假如他们俩没有相亲相爱的关系和在众人面前表现出来的亲密合一，我想米歇尔的形象是不会引起轰动效应的，正是她"最好的配饰"给她带来了真正的价值感，使人们渴望探究她的魅力，大众的潜意识里是想获悉她是如何获得总统这么优秀的男人的心的。其实，米歇尔的品位我不敢苟同，但是我欣赏她的家庭气氛，欣赏她的全家给观众带来的感受，我希望人人的家庭都有这么好的合一氛围。

　　谈到配饰，我想所有的女性都会想到拎包，因为不论年龄、不论体形，拎包都会给女性带来乐趣和品位标榜。法国《时尚》前任主编和美国《时尚》现任主编唯一的共同点就是她们俩都不用拎包。也许，她们想用此

不论年龄、不论体形，拎包都会给女性带来乐趣和品位标榜。

举表明世界上没有一款包可以代表她们的品位。还记得我在前面所写的"形象的局限性"吗？她们都很聪明地不想让一款拎包来局限自己的形象语言，她们都有各自坚持的着装风格，但是，拎包？嗯——她们可是深知其中的陷阱，因为太多的女性都用拎包来解读自己的身份。她们认为没有一款拎包能够衬得上她们在时尚界的至高身份，所以，她们的拎包永远虚位以待。这是身处时尚之中又想超越时尚的作风。

女性对拎包的热情，真是举世空前地高。面对无数的选择，至关重要的选择就是拿在手里使你好看、更好看！不管它是什么品牌，轻松一点来面对这件事，只要你是除去心里的虚荣，运用专业精神和真心来面对拎包与自己的关系，就可以享受其中的趣味和它带来的美丽……

腕表也是如今很多人的"投资项目"，但是对我而言，再贵的腕表也是形象投资，因为腕表是体现职业感、能力和品位的好配饰。法国老明星阿兰·德龙刚刚拍卖了他一生收藏的腕表，他说讨厌死后拍卖，并希望吸引中国买家，最后拍卖了59万美元。新闻用一句"中国买家再次体现了经济实力"作为结束语，让人无语。59万，难道很惊人吗？这就是一生收藏的所得？这就是一生收藏的代价和结局？其中的意义何在？我看到的是一场虚空的投资，从金钱到金钱之间，我认为阿兰·德龙毫无所获。

我再次想到英国的碧雅翠丝·波特，想到我走在她一生收藏的山山水水里的无限感动！我想起她用毕生的金钱一点一点收藏居住的农庄山水，不让地产开发商来破坏，每一群羊的后代、每一块草地的繁衍，都被她纯真的坚持保守了下来，使得今天全世界任何地方的人都能看到她生活过的美丽山水和纯净的时代特征……她说："这里是一个灵感，值得为后代的人保持。"当我第一次听到这句话时，我的泪水夺眶而出。什么是伟大？这就是伟大！只有伟大的心灵才能看到眼所不能及的一切。她终身未生育，却能替陌生的后代保持她所热爱的古老山水，这才是真正上流的人！真正的贵族心灵！碧雅翠丝·波特死后将她保存下来的所有土地献给了国家，条件仍旧是不能更改一山一水。

亲爱的碧雅翠丝·波特，你知道吗？你真的为后代带来了灵感，就是此刻，就是此时，我感谢你！纪念你！爱你！

我不懂得投资金钱，但是我明白什么是投资美好以及怎样投资美好形象……

玛亚提示

拎包和腕表一样，需要有冷暖两大色系的预备。黑色的正装拎包和冷色调的腕表可以相伴出场，而咖啡色拎包和金色腕表自然就是好搭档了。

中性色调的拎包也是好选择，可以很低调地百搭很多服饰。

休闲的大包和男士风格及运动风格的腕表可以组合。

淑女风格的着装和古董表可以组合。

钻表可以充当珠宝与小礼服搭配，此时晚装小包就无须太华丽了。

曳地的晚礼服就可以免去腕表的出场，一个参加盛会的女士是不需要知道时间的，所以晚装包就可以华美惊艳了。

记住，珠光宝气，对一个追求品位形象和优雅人生的女人来说，不是一个褒义词，最多也只算是中性词，别把它当成赞美。

玛亚的衣橱

没有 LOGO 是我选择包的一大标准。我喜欢用包，因为我需要随身携带的东西不少，书、小本圣经、笔记本、钢笔、薄荷油、针线包、话梅、口香糖、小瓶香水、丝袜……这一切，使我在任何地方都能安心自处。随身带书可以使我在机场、过关、飞行、旅途中不浪费时间学习。我的阅读速度很快，一本中等厚度的书一天就能看完，唯有《圣经》，百读不厌，每读每新……笔记本能保证我随时写作。薄荷油能够处理晕车疲惫，但是很奇妙，看书，却并不使我发晕。针线包可以处理衣物突发状况，也能够帮助到身边人。备用丝袜是应对袜子被勾丝的情况发生……所以，我需要包。生活很真实，就跟我包里的世界一样。

黑色、咖啡色平分了我的包世界，好几个是从欧洲淘来的，也不是什么品牌。

浅卡其色充当了悠闲的角色。

设计包，是因为自己想要的款式得不到完全满足，所以干脆自己做。我希望自己的包是可以搭配品牌服装的，同时也能把普通服装衬托得更为高尚……

"慢行的淑女"是想设计一种从容、轻松的工作状态和正式状态，

"舞动的音符"。

"慢行的淑女"。

因为很多女性的包看上去杂乱庞大……这款包能给人一种整洁、有序、雅致的感觉，有一种很节制、精致的感觉。

"淑女的故事"灵感来自一位客人，她总是把拎包拎反了。我当时想，如果有一款包，不论你怎么拎都是正面就好了，这也适合忙碌的女士们，在细节上给她们多一些体贴，使她们在任何时候都不失淑女仪态。

"舞动的音符"的设计很有趣，我自己画了图样给助手，告诉她为什么只有方形的晚装包，而没有圆形的。我们来做圆形的包，而且一定要不光能装下手机，因为很多晚装包只能装一部手机。结果在我们做出来不久，竟然发现了另外几款圆形的包……这款包，适合去音乐会和酒会，适合搭配我的小礼服，我喜欢它的随意感，我不喜欢在晚会中一副全副武装的打扮。所以，我从不用很正式的晚装包，我觉得自己的气质当中不需要那种全副武装的元素。

我喜欢拿着谁也不认识的包，做一个自由的女人，不被定义，没有定义。因为我是一个喜欢成长的女人，当我被定义的时候，我已经又有了进步。

在腕表当中，我最爱的是父亲送我的那一块，不名贵，但是很珍贵。那是母亲去世那年的冬天，我生日父亲送的，当时他坚持那个生日要送我双份的礼物，想要让我知道母亲虽然去世了，但是我从家里得到的爱一点也不会少，我想这里面也包含了他给自己的安慰吧，他想要肯定母亲的爱还存留在我们父女之间。于是，他在那年送了我一枚金戒指和一块腕表，很淑女、很秀气，是我自己去选的，我一眼看中那块腕表，它就像我在父母身边所经历的岁月，很小女儿，很温暖，乖巧得像温室里的花朵。

父亲送给我的腕表。

姑娘们送给我的古董表。

Lori 送我的腕表形状的玫瑰金手环。

还有一块与这块腕表很类似的古董表，是我婚礼前姑娘们送给我的，表带竟然是现今很少见的松紧钢表带。它的气质就像姑娘们的心意，能够在历经时间之后，仍旧散发出温润的气息……

我喜欢腕表，我喜欢它带来的职业感，巧妙的是，它同时又能透过不同的材质和细节传达出或书卷或干练、或大气或精致、或怀旧或现代的丰富气质。

还有一块腕表，其实是一只玫瑰金手环，很趣致地做成腕表的形状，但是并没有时间的刻度和指针，表面是空白的……我给它取名为"永恒"，它是我的美国老师 Lori 女士送给我的，那本是她最爱的首饰。有一次 Lori 来到 maia's 设计室，她给我那么多鼓励，爱我，并告诉我她多么喜欢我的设计，在课堂里她教授过的课程刚好是"如何打造完美品牌"……她是一位很会穿着、很注重搭配和细节品位的女士，我特别喜欢看她的项链，每次都让人感到创意无穷，但我最爱的是她的笑容和拥抱，具有无比的感染力……那天，我坐在她身边，谈话间无意看到她的手环，我心里想："这个手环好像腕表呀。"Lori 说是她自己设计请欧洲的设计师

陪我工作的腕表。

手工制作的，我说："它很特别，也很可爱。"突然她就取下手环，对我说："玛亚，我要把它送给你。"我好吃惊，但是她的眼睛是认真的。事后我听说她其实非常爱那个手环，但是她说她灵魂里有个很深的感动要将它送给我，表示她对我特别的爱……我心底的感动是如此之深，我会永远感念在那一刹那产生的爱，我相信那是永恒的爱，所以，我为它取名为"永恒"，这就是它无须表明时间刻度的原因。

低调内敛的设计，是腕表设计里我的偏爱，传统和不雕琢的精工细作则是我心所求，然而，腕表里记录的爱和温情才是我永远的挚爱。

给我安全感：手帕
Handkerchief

用手帕的绅士淑女，能够与他们的身份更为搭调。毕竟，手帕是复古的、传统的。

给我安全感：手帕
Handkerchief

手帕，如今已经变成摆设了。中国一本有名的杂志曾经每期都会附送一块手帕，但是那些手帕就像垃圾一样没法用——粗糙稀疏的布料，不纯正的色彩，不堪入目的设计，美其名曰"前卫艺术"。我记得有一块手帕上面印了一个很卡通的女生，旁边有一行字："我是贱人。"我有点不相信自己的眼睛，这不仅是一个不再用手帕的时代，而且还是流行把谩骂当时尚的时代吗？优雅不是整天都被世界挂在嘴边吗？有谁会用这样的手帕呢？我把手帕丢进垃圾桶，杂志是赠送给我看的，但我不再看它们了。我很伤心，我常常为这个世界伤心，为美丽事物的消失伤心，伤心有时使我真愤怒，但是我知道，我必须平静下来，以有用的方式来解决这些伤心的事，否则我就中了那丑陋的计谋，因为它们想要通过伤心愤怒损害我的美丽。

　　无论在哪里，都是纸巾的天下，极少看见有人用手帕了……这也就是为何我们会在山野、海边、林间看见废弃的纸巾，会在餐桌上看见成堆的纸巾，也会在人的脸上看见纸巾的碎屑……尴尬的时代。

　　用手帕的绅士淑女，能够与他们的身份更为搭调。毕竟，手帕是复古的、传统的。我记得，我学会的第一样家务活就是洗手帕，母亲教我用香皂和洗脸盆清洗我自己用的手帕。我至今都保留着母亲用过的几条手帕。她一直就是用手帕的女人，她的枕头边、衣袋里，总有手帕。母亲的手帕能变出很多用途来，我见过她散步带回来的桂花，就是用手帕包着的。母亲也教我怎样用手帕给洋娃娃叠成背心，用手帕绑头发。夏天的午后，母亲会把一方手帕摊开来，盖在躺卧于沙发上瞌睡的父亲的胸口，小巧的手帕在高大的父亲身上显得很好笑，母亲却温柔地解释给我听："人只要躺下，就有一口风，盖住胸口就不容易病。"我在母亲的手帕里看到她无限的智慧和温情，让我想到《红楼梦》里那两句关于手帕的诗——"尺幅鲛绡劳惠赠，为君那得不伤悲"。我也明白，母亲去世之后，父亲无法忘怀她、无法再婚的原因，母亲的爱就像他胸口的那一方手帕，只有深爱的人才会在温暖的日子仍旧加添呵护……父亲的手帕总是给豆腐用的，他从外面买回来新鲜的豆腐，就是用男式的大手帕包着的一个日式的小包袱。里面四片豆腐整齐地叠放着，丝毫没有损坏……他兜里还有一条小毛巾才是用来擦汗的。

　　母亲也跟我讲过她小时候关于手帕的故事，她说有一次外婆病重，她坐在院子里嘤嘤地哭，姐姐坐到她身边说："妹妹，妈妈要是死了，她的麻纱手帕我们俩一人一半好不好……"那些话被外婆的妯娌听到了，外婆病好之后讲给外婆听，开玩笑说女儿里面恐怕只有我的母亲是可靠的，外婆去世时，果真把一切托付给我母亲……当时我听了那故事，在心里默默地想象麻纱手帕的美丽，难道竟然可以抵消一个女孩要失去妈妈的痛么？我在小时候最害怕的就是失去母亲。手帕，总是给我带来安心的感觉，那是妈妈在身边的感觉，每次出门，她都会问："带手帕了吧？"手帕对母亲为何那么重要呢？直到如今，我才深深体会到，每当我感到要打喷嚏时，我总是迅速拿出手帕，捂住嘴、鼻，控制声响，减少给别人的干扰。每当我从洗手间出来时，我总是拿出手帕，擦掉手上的水珠，手帕会因为潮湿变得软软的，放进口袋的一瞬间，感觉是那么舒服。每当我流泪——我好像很有流泪的恩赐，总是易感、动情而落泪，我总是会拿出手帕，用它接住我的眼泪，免去用纸巾擦拭之后脸上会留下纸屑的担忧。每当我上台，不论是讲课还是演讲，哪怕是上电视，我也一定手里拿着手帕，它给我安全感，会为我应付随时的感动……手帕，是日常生活中必备的随身物件。

　　我在读书的时候，经常用手帕当礼物送给过生日的同学，我的每个同桌都收到过我的手帕。以前还自己绣过手帕，在白色的绵绸上，绣一片葡萄树的叶子……当然，我也收到过同桌送给我的手帕，不过，现在她们都不用手帕了，只剩下了我，因为手帕很难买到了。以前每个百货商店都有卖手帕的柜台，现在百货商店里都是品牌专柜……我不知道，日子是真的更丰富了，还是被削减了。

从前，人们都会因为我用手帕而惊奇，现在，人们都认为我用手帕是为了环保，对我，真的只是一个从小养成的习惯。如今，我和父亲身上永远都是有手帕的，只是父亲的手帕不再用来装豆腐了。我也给儿子买手帕，尽管他常常用纸巾，但是每当他和我在一起，当我看到他流汗或者需要擦手，向他递过去我的手帕时，他总是很乖地接过去用手帕擦汗，他从来不说："我有纸巾。"然后，他会看着我把有他汗水的手帕放进自己的口袋里。就像他小时候，我为他买过无数的手帕，像牛仔巾那样系在他的脖子下，让他又好看又保持卫生，他知道我的包里总有一条属于他的手帕……我们都看到，母亲的爱和温柔的习惯在家里的传承，因为手帕还在，每天都在。

玛亚提示

现在，大型商场里有一些卖丝巾、手套、帽子的专柜也开始卖手帕了。如果在你的城市里没有的话，中国香港、台湾，韩国，日本都是有手帕卖的地方。你会被怎样的手帕吸引，我无法预测，但是你可以根据你常穿的色系来选择手帕。你也可以将手帕拿起来，贴近脸颊，像是要用来擦脸那样对着镜子照照看，是否与你合适，像不像你的东西？我常常会在挑选手帕时做这个动作。

夏天的手帕浅淡一点会显得更为清洁，手帕要每天换洗，哪怕一天没怎么用。

玛亚的衣橱

一写到这里，我就好惆怅啊，因为我丢失过很多手帕，手帕就好像是一种风化的物质，常常，用一用就不见了。当然，有时会在大衣的口袋里、风衣的口袋里找到手帕……但还是有更多的手帕失踪了。有时，我的朋友会在自己家中发现我的手帕，但是通常都被留下当纪念物了；有时是他们的女儿要求留下来，说放在枕头旁边，可以闻到玛亚阿姨的香味……我的心一听这话就软了。但是，仍旧还是风化了许多手帕。我

知道有时是坐车、坐地铁时，手帕放在膝盖上，起身就忘了……一想到那么多千挑万选又不见了的手帕，真的挺怀念的。因为每次找到一条可爱的手帕，我的心会满足，因为这是我真正喜欢的。

黑底白色图案的手帕是我会常备的，也是丢得最多的，因为它们适合我在工作时用。穿黑色 jacket 的设计师拿出黑白格子或者黑地巴洛克风格古典图案的手帕来，是很协调的。同样，白色的手帕也是我常备的，也是工作中用，因为我也会常穿白衬衣。不过，白色手帕清洗要仔细，粉底、口红在上面的残留需要认真搓洗。

我很喜欢有马具图案、英伦风格的手帕，它们与海军蓝、卡其色系的服饰都会很搭调，而且显得稳重成熟。

我也喜欢小情调的波点、小碎花图案的手帕。它们搭配淑女连身裙再好不过了。

日式的手帕很精致，但是拿在手里略显小气了点。这事很奇异，我拿着日式的手帕在镜子前左照右照，不知哪里有点不对，就是让人显出一股小家碧玉的感觉。这种气质是不适合我的，所以常常因贪恋拿起来，最后又放下了。

我们选择的每样东西，都会代替我们发出声音，你想成为自己心目中最美好的自己，就要为自己的每一个选择负责。

我始终都会是一个用手帕的女人，这是不会改变的了。

真实的奢华：香水

Perfume

喷洒了香水之后，整个形象才算可以画上句号了……

真实的奢华：香水
Perfume

　　喷洒了香水之后，整个形象才算可以画上句号了⋯⋯

　　即使是在这本书里，我也不打算公开自己所用的香水。我想这就是我做形象设计时的最后一环，帮助人们寻找自己的真香。很多人都问过我："你用的是什么香水？"因为他们觉得很好闻，从前也有同事用过我的同款香水，但并没有产生同样的效果，因为香水也会因人而异，你的香氛和你应该像穿对了衣服一样，得到出彩的效果。

　　对于香水，每个人在做风格测试时已经展现出各人的偏好。但是很多人对香水的认识还是很狭隘，一般人都认为有一瓶香水就够了，其实，那真的是不够的。

　　我自己有几十瓶香水，但是经常用的是自我标识型、爱情专用型、晚会型、商务型、休闲型、旅行型、运动型。

自我标识型香水 这就像你的正式衣服一样，必须非常具备你的个人风格和魅力，它同时还必须是大气的香型，能够在大多数场合保持得体。这一类型的香水我会选择略微偏中性的香氛，原因是我鲜少高调服饰，颜色也多为中性色系，所以这时用的香水属于冷香型，但是仍旧保持女性韵味，因为我百分之九十九的日子都是穿裙子。我选择的这款香水可以说非常适合我的大众形象，可以说"人见人爱"，其实是人人爱闻！哪怕是跟我完全不同类型的女人都问过我："你的香水是什么牌子呀，真好闻！"她当然不会得到答案。这也是此款香水让我觉得选择正确的原因，因为向它致意的人太多了。但是它并非香水中的经典款，只是非常适合我平时的形象罢了。这说明，香水也是有色彩、款型和性格的。

爱情专用型香水 这款香水是我先生的最爱，不是为他选择的，而是他认识我的那一天闻到的。用他的话来说，这款香水 "很女人，很高贵"。我很少用这款香水，但是只要我用，哪怕只是用一点点，他都会即刻感受到。他对这款香水的忠诚度非常高，永远都说它是"第一好闻的"，所以我如今只为他而用了，虽然我还会用到其他我喜欢的香水，但是我的先生总说这一款最适合我，可见它是一款适合我的爱情香水。这也是你选择此类型香水的原则——它符合你在恋爱时的形象，也将帮助你找到爱情。因为，如果你找对了香水，热烈地爱它的男士必定也热烈地爱你。

晚会型香水 本来，上面那款爱情专用型香水是我的晚会用香，但是自从它专属爱情之后，我就换了晚会用香水，改用一款浓郁而又带点

个性的香水。虽然香奈儿五号被香水界誉为巴黎高级社交界晚用女香，但是我还是建议你慎用——我还从来没有遇见过一个使用香奈儿五号打动人心的女人！晚会用香的秘诀是需要些许的霸气和强烈的个性，现在想来我过去的晚会用香还真是有点"软弱"的。如今，我用了一款华丽的男士香水当作我的晚会用香，因为我知道晚会时我穿得通常很女人，却仍旧不鲜艳，所以华丽的男香倒是很适合我。除非先生在我身边，我才会用回原来那款。

商务型香水 一听商务用香，你就明白是工作状态时用的香水，这时用的香水最需要的是清洁感和价值感。我最害怕那些鼻子段数不高的人自己调配出来的香水，这样的香水用到职场往往有种怪味，给人的感觉绝非训练有素的人，缺乏价值感。另外就是热烘烘的高昂香调，像个花花公子一样不干活；或者用特别女人的香水，好像刚刚结束约会跑进办公室……商务型香水一定要有定力，冷静，简单，有一丝高科技感。如果你拿不准的话，就选用日系香水或者可男女通用的淡香吧。当然，如果你是老板、董事长，在自己的公司也可以使用自我标识型用香，不过，你要保证那是一款"人见人爱"型。

休闲型香水 坦白说，我有很多款休闲型用香。因为休闲分很多种场合，休闲也有很多种心情。又甜美又天真的，适合心情愉悦的星期天下午；热带花果香型的，适合夏日的晚场电影院；木质青草香调的适合去爬山；男式贵族香型的适合逛大商场；食用香料型的适合在家里下厨招待客人……这也是体会生活丰富多彩的一方面，看着那一抽屉的香水瓶，我就觉得生活真美好。

运动型香水 适合运动的香型一定是容易挥发、有动感的、灿烂的。有一款香水，我用了十多年，还是很喜欢，当初是我的休闲用香水，现在则成了我的运动款，因为它特别灿烂金黄……就像一束阳光。每次用它就很想去晒太阳。

旅行型香水 适合旅行用的香水我会选择国际化一些的，这一类的香水不适合选择花果型，最好是酷一点的简约香型，它应该就像黑色一样走到哪个国家都不过时、不扎眼、很能融入。

香水是造型中最为奢侈的部分，因为它打扮的是你周围的空气，为你营造了你看不见的私人空间。虽然无形，却可以带来无数的想象、魅力，以及美好的爱情。

结束语

　　我写完最后一章，是向晚时分，我的家人因为我在写书，都在这个假日安静地待在家里，没有外出的计划，正在准备晚餐……我是有福的女人，因为我的家人都无比地爱我、呵护我。我写的衣橱是我生命中多么表浅的部分啊，如果没有他们，这一切就没有意义。我从未认真书写过他们，珍宝是无价的，他们的好，无法言表。我唯有感恩，更爱他们，因为一个有爱的女人，才有美丽的根基和资本。

　　美，应该使人温情，被人爱护；美，会使人厌弃恶，憎恶虚假。美是真实和良善的，打开衣橱，如果衣橱带来的记忆充满了竞争、嫉妒、伤心的故事，那么这衣橱就是需要医治的衣橱。我很庆幸，我的衣橱里有满足的喜乐，有美丽的思想，有我平安的脚步，有祝福与恩情。

　　我一直没有忘记，我对生命最初的、纯真的向往；我一直没有忘记，我在年轻的时候盼望自己可以是一个深刻的女人……如今，我已经明白的是，纯真的追求使人进入深刻，而深刻的向往会使人远离肤浅和虚荣，使纯真得以保存……我愿我的衣橱记录一生的纯真与深沉。

后记

玛亚的衣橱，上帝的礼物

"要我怎么说，我不知道，太多的语言，消失在胸口……"当我要写这篇文章的时候，耳畔正好响起许巍的歌声，而他所唱的，恰好是我此刻的心情。

我把这首歌设置为循环播放。

玛亚的衣橱似乎无边界。相识这些年，我印象中没有见她完全重复地穿过一身衣服。看到她不时穿出一些"有年头"的服饰，你知道她衣橱里的更新并不像你想象中的那么快，但需要多大的空间才能将前尘往事和后来者一并收纳，而且彼此不分伯仲、和谐共处呢？同一样单品通过不同的搭配和穿法创造出许许多多种观感，固然是她让人难以望其项背的精专之长，我更惊叹的却是她何以记得过往所有曾穿出过的感觉，或者说她何以永远可以穿出新的感觉？也许，是她的心无边界。

第一次见，她就在我心目中把她和我以往见过的人区分开来。那惊鸿一瞥的情景今犹在目。首先击中我的是她进门时快捷的步履和从容的神态所形成的对比，而她边走边与周围人顾盼生辉地打招呼使得短短的过道蓦然有了悠长、隆重的意味。她就这样在几秒钟内向我"奔袭而来"，和着她长而丰盈的栗色卷发与满月般雍容、皎洁的神情。而那天她青果领、海蓝色长及足踝的呢绒大衣，和月白渐变至咖啡灰色的长丝巾，无不传递着她一路走来所散发出的那种丰富与简洁、力量与轻盈的悄然对撞。

　　落座后，我留意到，她的白底细咖啡色方格纹衬衫在大衣领口和丝巾下若隐若现，深色、细致的羊毛或羊绒衫一望而知质地考究。格纹手帕、简洁而有质感的黑色皮包和黑色高筒皮靴，是不容轻看却绝不抢眼的搭配，它们很容易让你将注意力始终集中在她的面部。在我们的交流中，她的言谈举止和她的穿着打扮一样，沉着而明确地释放出一种源于生活又高于生活的美感。

　　我再一次确信，生命中，选择和等待永远是不可缺少和值得的。明媚、柔韧，脱俗却能入世，这是那天我起身告别前对她的基本印象，与此前她的文章给我的感觉相得益彰。我行走在车水马龙的大街上，内心无比温柔、欣喜：我那关于美好生命的想象突然遇见了生动、完美的注解……

　　和这样的生命交汇一定不是为了失之交臂。随着日后的交往，我一再想：她值得我、值得更多的人一读再读。

　　后来，曾经有大约半年的时间，我和女友们浸泡在她的品位课堂里，她的穿着每一次都和她的讲述一样令人难忘。

　　"品牌与香水"课，是在北大的课堂里讲的。单串大粒的珍珠项链，无肩袖的黑色内衬，黑色欧根纱衬衫，前襟下摆结于腰间，黑色蕾丝裙长及小腿中部，黑白双色的船形漆皮鞋。她的"盛装"与精致震撼和感动了在座的人，而她的"品牌不等于品位"的讲解和许多时尚领域不为人知的典故与文化内涵，让听者无不动容。

　　在备受推崇的"配饰与搭配"课上，她穿灰底小碎花丝质衬衫，外着中灰色薄羊毛卡丁衫，前襟下摆在腰间打了个精巧的小结。灰色有细条纹的过膝 A 裙，裙摆有与裙身一脉相承的舒缓的荷叶边，要仔细看才能发现。黑色船形皮鞋。她说，穿小碎花是因为来赴姑娘们的约。当她从米白色半旧的蕾丝软袋里拈出一条又一条色彩斑斓的丝巾时，那些用于讲解和演示的丝巾顿时有了和它们的主人一样温润、灵秀的生命，而那日酒吧里香槟和花茶的香气弥漫至今。

"感动一生的音乐"课，玛亚及膝的黑底红色小碎花丝质雪纺连身裙，细细的同质腰带没有结成蝴蝶结而是妥帖地平系着垂于身侧；隐约泛着光泽的黑色短夹克，细节丰富，衣袖半卷。配上简洁的黑色及膝皮靴，让她走起路来浪漫之余平添酷感。那比语言更准确的音乐，就这样在她的起坐之间盘旋飘飞，时隐时现。那个阳光灿烂的春日上午，与音乐一起留存心底的是玛亚食指上的银色宽戒、包裹 CD 碟的富于神秘感的大手帕，还有撒满桌面的玫瑰花瓣和彼此相约美丽到老的誓言……

玛亚说，每谈阅读，一定是穿白衬衫的，因为要让自己留白，才能更好地吸收作者的精神与智慧。她果真这样出现在她的"终生的阅读"课上：深蓝色的薄羊毛开衫前襟放入裙腰，内穿洁白的衬衫，蓝色牛仔长裙似由片片牛仔布斜拼而成。黑色船鞋。白衬衫领口内深蓝底金色经典图纹的丝巾是点睛之笔，让一身素朴的蓝白油然生出"腹有诗书气自华"的醇厚与矜贵。也许，对不少人来说，古今中外浩瀚的著作，就此褪去了难以亲近的外壳？

还有"慢生活与下午茶"，玛亚穿着 Burberry 经典的格纹衬衫，卡其色过小腿的长裙，裙摆宽宽的荷叶边使之有了鱼尾的感觉。约一掌宽的焦糖色漆皮腰带，琥珀扣绊尤为别致。深啡色丝袜，土黄色船鞋。敞开三粒扣、内衬米色吊带的衬衫，领口内的古银链配白水晶的十字架，仿佛是一个古老、纯净的向往在现实生活中的叹息与不屈不挠的坚持……

不知何故，每想起这些过往形象，内心满是深深的怀念。即使其人正在眼前。

后来见得更频繁了，那些错错落落、重重叠叠的影像，重复的只是一个"百看不厌"。她曾将绣花的（其实是黑色丝质底上开了玫瑰花）领带缠于白底黑波点的丝缎古董连身裙的腰际，这条不折不扣的腰带曾让参加下午茶的女友们煞费心思；她也曾在深蓝细条纹羊毛连身裙的西式领口结上彩色格纹男款领带，别上剑形胸针，来讲她热爱的英国文学；她穿着白色、富有肌理的丝质旗袍，肩头搭着黑白复古花纹的富丽丝巾发布她的新书；她还用淡蓝色有古旧感的牛仔上装配肤色、软薄的飘逸丝质长裙来赴我们的晚餐之约……现在，穿得最多的是她自己设计的 maia's 服饰，配上她衣橱里的其他单品。

有时候我觉得，她把她的衣橱渐渐搬到了办公室，也不知不觉于千变万化后搬到了许许多多人的家中。

看到她沉浸在昂扬的忙碌之中，有多少人听到那暗夜里不休不眠的祈祷？"在寂静的夜，曾经为你祈祷，希望自己是你生命中的礼物……"那歌声充满了穿行感的许巍，是否也有人了解，他穿行的是真实的生命？！

我想，玛亚的衣橱之于我，最大的吸引力莫过于那些由"意外或冲突"来呈现和突出的圆融之美。她永远与他人相异却与环境合一。我爱她的衣橱，是因为她是穿那些衣服的人。也许，我从来就偏爱那些丰富而单纯、矛盾又和谐的生命。

和一切美好的记忆一样，长长的岁月里有千帆过尽，而那些鲜活的、曾曼妙行走过生命的印迹始终是不思量，自难忘……

雨桐

此文作者是玛亚品位课堂的学员，玛亚也是她的形象设计师

（京）新登字083号

图书在版编目（CIP）数据

我的衣橱经典：高端形象顾问的穿衣智慧／黑玛亚著.
—北京：中国青年出版社，2013.1（黑玛亚系列）
ISBN 978-7-5153-1359-7

Ⅰ.①我… Ⅱ.①黑… Ⅲ.①女性-服饰美学 Ⅳ.①TS976.4
中国版本图书馆CIP数据核字（2012）第300444号

责任编辑：李　凌
封面摄影：海钟方
装帧设计：瞿中华

出版发行：中国青年出版社
社址：北京东四12条21号
邮政编码：100708
网址：www.cyp.com.cn
编辑部电话：（010）57350520
门市部电话：（010）57350370
印刷：北京富诚彩色印刷有限公司

开本：700×1000
印张：16.5
字数：150千字
版次：2013年1月北京第1版
印次：2020年9月北京第8次印刷
定价：55.00元

本图书如有印装质量问题，请凭购书发票与质检部联系调换
联系电话：（010）57350337